MW01273725

L'eau
ressource précieuse

Aliments apportant
de l'eau à l'organisme

Attraction
électrique forte
entre les atomes
formant une
molécule

Attraction
électrique faible entre
les molécules d'eau

Atome
d'oxygène

Atome d'hydrogène

Molécules d'eau

Œuf de serpent
en train d'éclore

Eau en bouteille

Solution colorée

Anémone de mer

Figurines représentant
des agriculteurs chinois
actionnant une machine d'irrigation

L'eau
ressource précieuse

Flocon de neige
vu au microscope

par

John Woodward

Chute d'une goutte d'eau

Les Yeux de la Découverte
GALLIMARD JEUNESSE

Jeunes pousses dans une solution hydroponique

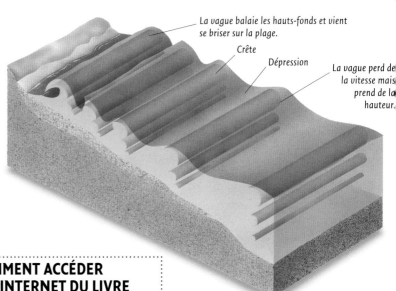
La vague balaie les hauts-fonds et vient se briser sur la plage.

Crête

Dépression

La vague perd de la vitesse mais prend de la hauteur.

Vagues en mouvement vers le littoral

COMMENT ACCÉDER
AU SITE INTERNET DU LIVRE

1 - SE CONNECTER
Tapez l'adresse du site dans votre navigateur puis laissez-vous guider jusqu'au livre qui vous intéresse :
http://www.decouvertes-gallimard-jeunesse.fr/9+

2 - CHOISIR UN MOT CLÉ DANS LE LIVRE ET LE SAISIR SUR LE SITE
Vous ne pouvez utiliser que les mots clés du livre (inscrits dans les puces grises) pour faire une recherche.

3 - CLIQUEZ SUR LE LIEN CHOISI
Pour chaque mot clé du livre, une sélection de liens Internet vous est proposée par notre site.

4 - TÉLÉCHARGER DES IMAGES
Une galerie de photos est accessible sur notre site pour ce livre. Vous pouvez y télécharger des images libres de droits pour un usage personnel et non commercial.

IMPORTANT :
• Demandez toujours la permission à un adulte avant de vous connecter au réseau Internet.
• Ne donnez jamais d'informations sur vous.
• Ne donnez jamais rendez-vous à quelqu'un que vous avez rencontré sur Internet.
• Si un site vous demande de vous inscrire avec votre nom et votre adresse e-mail, demandez d'abord la permission à un adulte.
• Ne répondez jamais aux messages d'un inconnu, parlez-en à un adulte.

NOTE AUX PARENTS : Gallimard Jeunesse vérifie et met à jour régulièrement les liens sélectionnés, leur contenu peut cependant changer. Gallimard Jeunesse ne peut être tenu pour responsable que du contenu de son propre site. Nous recommandons que les enfants utilisent Internet en présence d'un adulte, ne fréquentent pas les *chats* et utilisent un ordinateur équipé d'un filtre pour éviter les sites non recommandables.

Maquette de radeau

Nudibranche

Caneton en plastique

La pompe de Broad Street, à Londres, Grande-Bretagne

Hameçons de pêche avec mouches montées

Collection dirigée par Pierre Marchand et Peter Kindersley

Pour l'édition originale : Édition : Lisa Stock, Jane Yorke, Rob Houston, Camilla Hallinan, Andrew Macintyre ; Direction artistique : David Ball, Alison Gardner, Owen Peyton Jones, Martin Wilson ; Iconographie : Louise Thomas ; Fabrication : Hitesh Patel, Pip Tinsley
Pour l'édition française : Responsable éditorial : Thomas Dartige ; Édition : Éric Pierrat ; Adaptation, traduction et réalisation : Bruno Porlier ; Correction : Olivier Babarit ; Couverture : Raymond Stoffel et Marguerite Courtieu ; Photogravure de couverture : Scan + Site Internet associé : Bénédicte Nambotin, Françoise Favez, Eric Duport et Victor Dillinger.

Édition originale sous le titre *Water* - Copyright © 2009 Dorling Kindersley Limited

SOMMAIRE

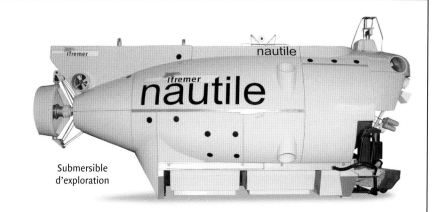

Submersible
d'exploration

UNE PLANÈTE COUVERTE D'EAU

De toutes les substances présentes sur notre planète, l'eau est l'une des plus importantes. Simple combinaison d'oxygène et d'hydrogène, elle est pourtant probablement commune dans tout l'Univers, mais essentiellement à l'état solide (glace) ou gazeux (vapeur). Ces deux formes se rencontrent notamment dans tout le Système solaire. En revanche, l'eau liquide y est beaucoup plus rare parce qu'elle ne peut se maintenir dans cet état que dans des conditions restreintes de température et de pression. Or, l'eau sous forme liquide est vitale pour tous les organismes vivants, des bactéries les plus simples aux formes animales les plus complexes. L'eau est donc essentielle à l'existence de tous les réseaux d'êtres vivants, à l'humanité et à ses civilisations. Sans eau, la Terre ne serait qu'une boule rocheuse stérile.

UN MONDE OÙ L'EAU EST PARTOUT

La Terre est la seule planète du Système solaire comportant des océans, des rivières et des lacs. Elle présente également de vastes calottes polaires et des glaciers dans les montagnes. La chaleur du Soleil provoque la formation de vapeur d'eau qui constitue une part significative de l'atmosphère – couche de gaz composant l'air qui enveloppe notre planète. Une partie de cette vapeur se condense en gouttelettes d'eau pour constituer les nuages. La Terre est donc également la seule planète connue où l'eau existe dans ses trois états : solide, liquide et gazeux.

Les océans rassemblent la plupart de l'eau de la Terre et couvrent 71 % de sa surface.

LE DIEU DES EAUX

L'homme connaît depuis toujours l'importance de l'eau douce. Les Romains pensaient que sa disponibilité était sous le contrôle de Neptune, le dieu des mers, des fleuves et des sources. Durant les périodes les plus sèches de l'année, ils lui faisaient des offrandes rituelles dans l'espoir que celui-ci leur épargnerait les sécheresses graves.

Les nuages sont constitués de minuscules gouttelettes d'eau.

Glace dans un cratère martien

La glace recouvre les pôles Nord et Sud.

Statue de Neptune, à Anvers, Belgique

L'EAU DANS LES AUTRES MONDES

L'essentiel de l'eau présente dans le Système solaire se trouve sous forme de glace ou de vapeur, et aucune de ces deux formes ne permet la vie. De l'eau liquide a jadis existé sur Mars mais, de nos jours, on n'y trouve plus que de la glace. De la vapeur d'eau est présente sur Mercure, mais aucune mer ni lac. En revanche, il est possible que de l'eau liquide – et peut-être la vie – soit présente sur Europe, l'un des satellites de Jupiter.

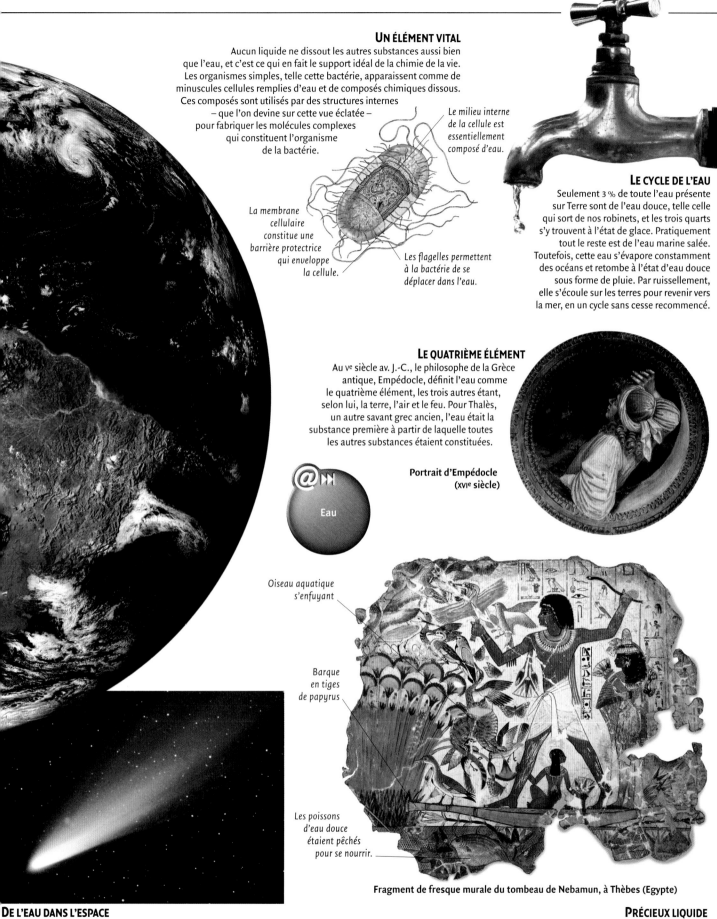

UN ÉLÉMENT VITAL

Aucun liquide ne dissout les autres substances aussi bien que l'eau, et c'est ce qui en fait le support idéal de la chimie de la vie. Les organismes simples, telle cette bactérie, apparaissent comme de minuscules cellules remplies d'eau et de composés chimiques dissous. Ces composés sont utilisés par des structures internes – que l'on devine sur cette vue éclatée – pour fabriquer les molécules complexes qui constituent l'organisme de la bactérie.

Le milieu interne de la cellule est essentiellement composé d'eau.

La membrane cellulaire constitue une barrière protectrice qui enveloppe la cellule.

Les flagelles permettent à la bactérie de se déplacer dans l'eau.

LE CYCLE DE L'EAU

Seulement 3 % de toute l'eau présente sur Terre sont de l'eau douce, telle celle qui sort de nos robinets, et les trois quarts s'y trouvent à l'état de glace. Pratiquement tout le reste est de l'eau marine salée. Toutefois, cette eau s'évapore constamment des océans et retombe à l'état d'eau douce sous forme de pluie. Par ruissellement, elle s'écoule sur les terres pour revenir vers la mer, en un cycle sans cesse recommencé.

LE QUATRIÈME ÉLÉMENT

Au Vᵉ siècle av. J.-C., le philosophe de la Grèce antique, Empédocle, définit l'eau comme le quatrième élément, les trois autres étant, selon lui, la terre, l'air et le feu. Pour Thalès, un autre savant grec ancien, l'eau était la substance première à partir de laquelle toutes les autres substances étaient constituées.

@ ►►
Eau

Portrait d'Empédocle
(XVIᵉ siècle)

Oiseau aquatique s'enfuyant

Barque en tiges de papyrus

Les poissons d'eau douce étaient pêchés pour se nourrir.

Fragment de fresque murale du tombeau de Nebamun, à Thèbes (Egypte)

DE L'EAU DANS L'ESPACE

Il existe de l'eau en constant mouvement tout autour du Système solaire dans les comètes, ces «boules de neige sale» composées de glace et de poussière. Elles s'approchent régulièrement du Soleil, devenant alors visibles pour un temps dans le ciel nocturne, avec leurs queues de gaz et de débris, avant de retourner se perdre au-delà des planètes externes.

PRÉCIEUX LIQUIDE

Parce qu'elle est indispensable à sa survie, l'homme a toujours recherché la proximité de sources d'eau douce. Il n'est donc pas surprenant que, lorsque la maîtrise de l'agriculture permit aux peuples de fonder les premières cités et les premières civilisations, celles-ci se soient développées sur les bords de grandes rivières comme l'Euphrate, le Tigre, le Nil ou le fleuve Jaune. Cette fresque murale, datant d'environ 3 400 ans, représente un chasseur égyptien dans les marais bordant le Nil.

L'EAU A MARQUÉ LE COURS DE L'HISTOIRE

L'eau n'a pas influé sur l'histoire des hommes seulement en déterminant le lieu du développement des premières civilisations. Elle a aussi permis les voyages, d'abord sur les rivières et le long des côtes, puis en haute mer. Jadis, les déplacements à longue distance par voie de terre étaient très longs et très difficiles, voire impossibles. Malgré les dangers de la navigation, il était souvent plus facile de se déplacer par bateau. Bien des grandes villes se sont développées au bord de baies constituant des ports naturels, et sur des rivières assez larges et profondes pour permettre la navigation de bateaux de fort tonnage. Ces villes prospérèrent grâce au commerce maritime. Et lorsqu'il eut appris à traverser les océans, l'homme put découvrir et coloniser des terres lointaines.

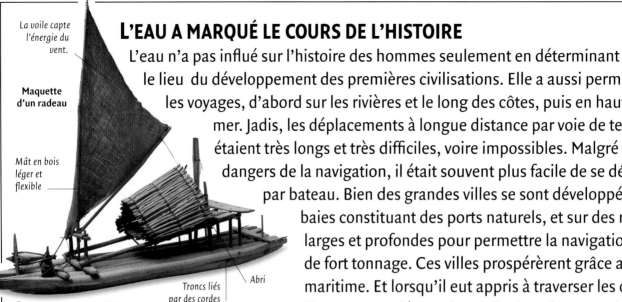

La voile capte l'énergie du vent.

Maquette d'un radeau

Mât en bois léger et flexible

Troncs liés par des cordes

Abri

RADEAUX ET PIROGUES

Les premières embarcations étaient faites de troncs d'arbres, soit évidés pour en faire des pirogues, soit assemblés pour en faire des radeaux. Ces bateaux primitifs permirent à l'homme de se répandre d'abord le long des rivières et des côtes, puis d'effectuer les premières traversées océaniques, à l'instar des peuplades qui colonisèrent l'Australie à partir de l'Indonésie, il y a quelque 50 000 ans.

POUR DÉTERMINER LA ROUTE

Les premiers marins se servaient de leur connaissance de la navigation locale pour choisir leur route et éviter les eaux dangereuses. Puis ils développèrent l'usage des cartes. Mais ces dernières eussent été de peu d'intérêt sans moyen de déterminer la position du navire en mer. L'invention de la boussole indiquant le Nord magnétique, du sextant pour déterminer la latitude par rapport au Soleil et aux étoiles, et d'horloges précises pour calculer la longitude, rendirent la navigation maritime moins aléatoire.

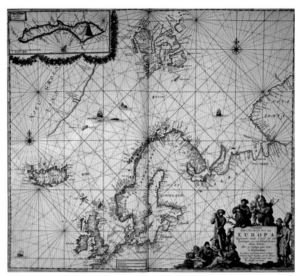

Carte du nord de l'Europe du XVIIe siècle

Statue de James Cook (1728-1779)

LES GRANDES CITÉS COMMERCIALES

L'accès aux routes commerciales maritimes apporta la prospérité à bon nombre de cités côtières et fluviales. Certaines devinrent des villes spectaculaires, telles Venise, Shanghai ou New York. Des marchands, comme l'explorateur vénitien du XIVe siècle Marco Polo, rapportèrent de lointaines contrées des denrées et des objets exotiques, tel ce vase en porcelaine de Chine.

Marco Polo prenant la mer au départ de Venise

Vase chinois

LES GRANDS VOYAGES DE DÉCOUVERTE

A mesure que progressait la connaissance des océans et des routes pour les traverser, les marins devenaient plus hardis et ambitieux. Des explorateurs comme l'Anglais James Cook – commémoré ici par une statue à Hawaii, où il fut tué – lancèrent des expéditions scientifiques pour cartographier tous les océans, les îles et les continents du monde.

Cannelle

Clous de girofle

Cardamome

Noix de muscade

@ ▶▶
Navigation

LES ÎLES AUX ÉPICES

Aux XVIe et XVIIe siècles, les îles aux épices des Indes orientales étaient les seules sources connues de denrées de valeur telles la girofle et la muscade. Les marchands européens se faisaient la guerre pour le contrôle de ces îles. Le premier tour du monde, entrepris par le Portugais Ferdinand Magellan en 1519-1523, avait, à l'origine, pour but d'atteindre les îles aux épices en traversant le Pacifique plutôt qu'en suivant la route habituelle à travers l'océan Indien.

POUSSÉS PAR LES VENTS

Au XIXe siècle et au début du XXe, de grands bateaux à voiles, les *clippers*, traversaient les océans pour rapporter du thé de Chine et du grain d'Australie. Ils empruntaient certaines des routes marines les plus tempétueuses de la Terre, mais plus les vents étaient puissants, plus les navires allaient vite. Les plus rapides faisaient la course entre eux pour être les premiers rentrés au port d'attache, une tradition perpétuée aujourd'hui par les grandes courses à la voile autour du monde.

Le *Danmark*, bateau école de la marine marchande danoise, construit en 1933

Sabre d'abordage

Pistolet à un coup

LES PIRATES

Les bateaux de commerce remplis de riches cargaisons étaient une tentation constante pour les pirates, qui étaient souvent d'anciens capitaines de marine s'étant tournés vers le crime. Le pirate anglais Edward Teach, surnommé « Barbe Noire », était célèbre pour son aspect terrifiant, qu'il arborait pour inciter ses victimes à se rendre sans combattre.

MIGRATIONS MASSIVES

Les mers ont constitué des voies de migration pour les peuples depuis les temps les plus reculés. Mais à partir du milieu du XVIIIe siècle, les liaisons maritimes régulières vers l'Amérique et l'Australie permirent la migration en masse de personnes comme ces émigrants fuyant en nombre la grande famine irlandaise, dans les années 1840. Le voyage s'accomplissait souvent dans des conditions sordides sur des bateaux mal entretenus, et beaucoup périssaient en mer.

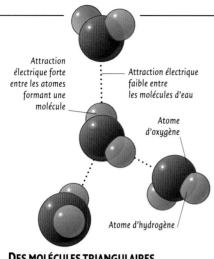

Attraction
électrique forte
entre les atomes
formant une
molécule

Attraction électrique
faible entre
les molécules d'eau

Atome
d'oxygène

Atome d'hydrogène

DES MOLÉCULES TRIANGULAIRES

L'eau est une masse de molécules dont chacune est constituée de deux atomes d'hydrogène et d'un atome d'oxygène. Ces atomes sont maintenus assemblés en triangle par des forces électriques. Ce sont aussi les forces électriques qui attirent les molécules entre elles et les font se coller les unes aux autres pour former l'eau liquide.

QU'EST-CE QUE L'EAU ?

L'eau est pour nous une substance tellement courante que nous n'avons pas conscience de sa nature peu ordinaire. Nous la voyons le plus souvent comme un liquide qui mouille, s'écoule et éclabousse, mais c'est aussi la seule substance naturelle que l'on puisse trouver dans les trois états de la matière – solide, liquide et gazeux – dans les conditions de température et de pression régnant à la surface de la Terre. Lorsqu'elle se change en glace, elle augmente de volume, contrairement à toutes les autres substances, qui se rétractent en gelant. L'eau peut aussi s'agglomérer en gouttes au lieu de s'étaler en mince couche, et une pellicule souple se forme à sa surface, capable de supporter le poids de petits animaux. Toutes ces propriétés s'expliquent par sa composition chimique.

LA TENSION DE SURFACE

La tendance des molécules d'eau liquide à se coller les unes aux autres est plus forte à la surface, à la frontière entre l'eau et l'air, qu'en profondeur. Sous l'effet de cette tension de surface, ou tension superficielle, les molécules unies les unes aux autres forment une sorte de pellicule souple. Cette pellicule est assez résistante pour supporter le poids de petits animaux aquatiques, comme cette punaise d'eau.

Le poids de l'insecte courbe le film de surface.

LES GOUTTES D'EAU

La pellicule de tension de surface autour d'une petite quantité d'eau au contact avec l'air agit comme une enveloppe élastique qui contient le liquide pour lui donner la forme d'une goutte sphérique, comme on le voit ci-contre. Si la goutte se dépose sur une surface comme le verre, la pellicule de tension de surface se brise et la goutte s'étale en une couche plus mince. Si elle se dépose sur une surface hydrofuge, c'est-à-dire qui repousse l'eau, telle qu'une feuille couverte de poils, elle conserve sa forme sphérique parce que le film de tension de surface n'est pas brisé.

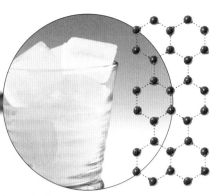

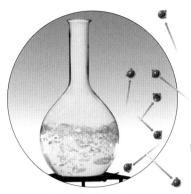

L'EAU À L'ÉTAT SOLIDE : LA GLACE

Lorsque l'eau gèle, ses molécules s'immobilisent en une structure ouverte formant des cristaux hexagonaux. Les molécules sont alors plus distantes les unes des autres que dans l'eau liquide. C'est ce qui explique que l'eau se dilate en gelant. Cela implique que l'eau à l'état de glace est moins dense qu'en phase liquide, raison pour laquelle elle flotte.

L'EAU À L'ÉTAT LIQUIDE

Lorsque la glace fond, la structure régulière des molécules cristallisées se défait. Les molécules se rapprochent les unes des autres, attirées par les forces électriques qui les maintiennent assemblées. Elles restent toutefois mobiles les unes par rapport aux autres : c'est ce qui détermine la consistance liquide.

L'EAU À L'ÉTAT GAZEUX : LA VAPEUR

Dans l'eau liquide, les molécules sont constamment en mouvement. Si l'eau est chauffée, cela confère plus d'énergie aux molécules qui se mettent à se déplacer plus vite. Finalement, elles finissent par acquérir assez de vitesse pour se libérer et passer dans l'air où elles deviennent un gaz invisible appelé vapeur.

La « vapeur » visible est en fait composée de molécules d'eau qui se sont déjà assez refroidies pour se recondenser en minuscules gouttelettes liquides.

LE POINT DE GEL

L'eau gèle à 0 °C à la pression atmosphérique, mais seulement si elle est pure. Des impuretés telles que des sels dissous abaissent son point de gel. C'est la raison pour laquelle on répand du sel sur les routes en hiver pour retarder la formation du verglas. C'est aussi la raison pour laquelle l'eau de mer gèle à une température plus basse que l'eau douce : environ −1,8 °C.

LE POINT D'ÉBULLITION

Au niveau de la mer, l'eau bout à 100 °C. Mais en haute montagne, où la pression atmosphérique est plus basse, l'eau s'évapore plus facilement et entre donc en ébullition à une température inférieure. C'est ce qui permet à ces Tibétains de boire leur thé alors qu'il est en ébullition. A l'inverse, une pression plus importante élève le point d'ébullition. C'est ce qui permet, dans une cocotte-minute, d'obtenir de l'eau liquide à 120 °C ou plus, donc d'assurer une cuisson plus rapide.

L'huile flotte sur l'eau.

LE POIDS DE L'EAU

L'eau est composée de deux gaz (l'oxygène et l'hydrogène). Il peut donc paraître étonnant qu'un seau d'eau soit si lourd. Cela s'explique par le fait que ses molécules adhèrent les unes aux autres, ce qui la rend plus dense. Sa densité permet à l'eau de supporter des liquides moins denses tels que les huiles, ou des matériaux renfermant des espaces remplis d'air, comme le bois.

L'eau est plus lourde que l'huile.

L'EAU DANS TOUS SES ÉTATS

Ces macaques à la fourrure gelée se baignant dans une source chaude sont au contact d'eau dans ses trois états. C'est possible parce que la glace se forme facilement dans l'air froid, et parce que l'eau n'a pas besoin d'atteindre le point d'ébullition pour qu'une partie de ses molécules s'échappent pour former de la vapeur.

L'EAU : LE SOLVANT UNIVERSEL

L'eau pure n'existe pas dans la nature. En s'écoulant, elle rencontre diverses substances qui, à son contact, se dissolvent : leurs molécules se désagrègent et leurs composants s'en vont former diverses liaisons avec les molécules d'eau. Le liquide qui en résulte est alors appelé une solution. Or, l'eau est capable de dissoudre plus de substances (liquides, gazeuses et solides) que tout autre liquide.

L'eau de mer est une solution de sels minéraux. Certains minéraux dissous produisent des acides, d'autres des alcalis (ou bases), tous susceptibles de provoquer de fortes réactions. Mais l'eau peut aussi transporter de petites particules qui ne se dissolvent pas. Le mélange est alors appelé une suspension.

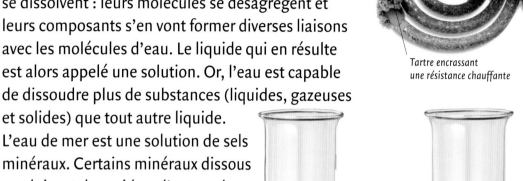

Tartre encrassant une résistance chauffante

DE L'EAU PLUS OU MOINS DURE

En ruisselant et en s'infiltrant dans un sol calcaire, l'eau de pluie dissout les minéraux appelés carbonates. Elle s'en charge alors et devient plus dure. Si on la fait bouillir, les carbonates se déposent au fond de la bouilloire sous forme de tartre. En revanche, lorsque l'eau de pluie s'écoule sur des roches insolubles telles que le grès ou le granit, elle ne se charge pas et reste une eau peu dure.

SOLUTIONS CLAIRES

Bon nombre de solutions de produits chimiques dans de l'eau sont dépourvues de couleur. Ainsi, une solution d'eau salée ressemble strictement à de l'eau pure, la différence n'apparaissant qu'à l'odeur ou au goût. La présence des sels a toutefois pour effet d'accroître la densité de l'eau.

SOLUTIONS COLORÉES

Si l'eau dissout des produits chimiques colorés, la solution peut, elle aussi, devenir colorée. Mais comme les atomes ou les ions de la substance d'origine sont complètement dispersés, la solution reste transparente, comme l'eau elle-même.

SUSPENSIONS

L'eau peut aussi contenir des petites particules ou gouttelettes d'autres substances sans que celles-ci ne s'y dissolvent. Ainsi, cette eau boueuse est une suspension de particules de terre. Souvent, les particules sont trop petites pour être visibles, mais elles rendent l'eau trouble.

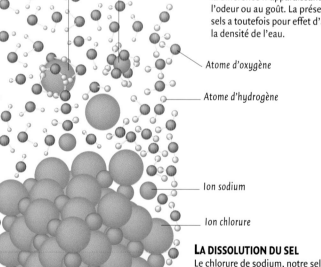

Ion sodium dissous

Ion chlorure dissous

Molécule d'eau

 Atome d'oxygène

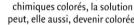 Atome d'hydrogène

Ion sodium

Ion chlorure

Cristal de chlorure de sodium

LA DISSOLUTION DU SEL

Le chlorure de sodium, notre sel de table, est composé d'atomes chargés électriquement appelés ions. Les ions sodium sont chargés positivement et les ions chlorure négativement, ce qui fait qu'ils s'attirent et s'unissent les uns aux autres. Mais lorsque le sel se dissout dans de l'eau, les ions se séparent pour former des ions hydratés, chacun allant se lier à plusieurs molécules d'eau.

LES CRISTAUX DE SEL

La liaison qui unit les atomes d'une molécule d'eau est plus puissante que celle qui lie la molécule aux ions du sel. Lorsque de l'eau salée s'évapore, les liaisons eau-sel se brisent tandis que les molécules d'eau restent entières et s'échappent sous forme de vapeur. Si toute l'eau s'évapore, les ions sodium et chlorure se réunissent pour reformer des cristaux de sel.

@ ▶▶
Réaction chimique

EAU ACIDE OU ALCALINE

L'eau des pluies acides est en train de dissoudre cette statue calcaire. L'eau de pluie est, en effet, légèrement acide parce qu'elle se combine avec le dioxyde de carbone de l'air pour former de l'acide carbonique. Mais en dissolvant une roche alcaline comme le calcaire, cette eau de pluie devient à son tour légèrement alcaline.
C'est pourquoi l'eau peu dure est légèrement acide et l'eau très dure légèrement alcaline (ou basique).

LES GAZ ATMOSPHÉRIQUES

L'eau dissout l'oxygène aussi bien que le dioxyde de carbone contenus dans l'air. Et plus l'eau est froide, plus elle capte d'oxygène. Tous les organismes vivants étant dépendants de l'oxygène et du gaz carbonique, cette capacité de l'eau à dissoudre les gaz atmosphériques est vitale pour la vie dans les milieux aquatiques.

L'oxygène produit par la plante va se dissoudre dans l'eau.

UN SYMBOLE DE PURETÉ

Bien que l'eau liquide ne se trouve jamais pure à l'état naturel, elle a été considérée comme un symbole de pureté par bien des civilisations depuis des millénaires. De nombreuses religions ont des rites de purification dans lesquels intervient l'eau. Ils prennent souvent la forme de bains ou d'ablutions rituelles, tels les rites de baptême des religions chrétiennes. Ci-dessous, un Hindou se baigne dans les eaux sacrées du Gange, en Inde, un acte censé laver les fidèles de leurs péchés et de ceux des générations qui les ont précédés.

LES NUTRIMENTS ESSENTIELS EN SOLUTION

Les engrais utilisés par les agriculteurs sont constitués de nitrates, de phosphates, de potassium et de divers autres minéraux. Il s'agit de formes hyperconcentrées des nutriments présents naturellement dans le sol et dont les plantes ont besoin. Celles-ci ne peuvent toutefois les absorber que s'ils sont dissous. L'eau joue donc un rôle essentiel pour permettre aux plantes de puiser leurs nutriments. Et dans la mesure où les animaux dépendent des végétaux pour se nourrir, toutes les chaînes alimentaires en sont tributaires. En fait, si l'eau ne possédait pas ce pouvoir solvant, la vie sur Terre n'existerait pas.

Son, lumière et pression

D'un point de vue physique, l'eau est très différente de l'air. Elle absorbe la lumière et la chaleur, de sorte que celles-ci ne pénètrent pas très loin en profondeur. En revanche, l'eau transmet très bien les sons à cause de sa densité supérieure à celle de l'air. Cette forte densité la rend également très lourde, ce qui explique les énormes pressions qui règnent à grande profondeur. En fait, les propriétés physiques de l'eau font du milieu aquatique, et notamment marin, un environnement hostile pour l'homme, alors que bien d'autres créatures s'y sont parfaitement adaptées. Ces propriétés affectent également la vie à terre, car les océans absorbent une grande partie de l'énergie solaire, ce qui a une grande influence sur le climat.

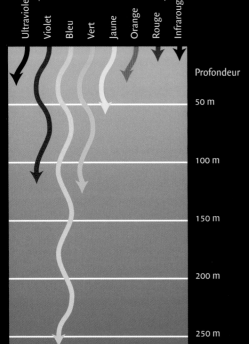

Spectre visible

Ultraviolet | Violet | Bleu | Vert | Jaune | Orange | Rouge | Infrarouge

Profondeur

50 m

100 m

150 m

200 m

250 m

LE FILTRAGE DE LA LUMIÈRE
La lumière blanche contient toutes les couleurs visibles du spectre lumineux (celles de l'arc-en-ciel). Dans la lumière qui pénètre une couche d'eau profonde, les radiations rouges et jaunes sont très vite absorbées – ou filtrées – ainsi que les radiations invisibles que sont l'infrarouge et l'ultraviolet, ne laissant que les radiations bleues. Ces dernières sont celles qui pénètrent le plus profondément, mais elles finissent elles aussi par être absorbées par l'eau, ne laissant que le noir complet.

Zone éclairée

Zone crépusculaire

Zone sombre

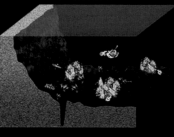

DANS L'EAU BLEUE
Parce que c'est la lumière bleue qui pénètre le plus profondément dans l'eau, tout, dans l'océan, apparaît bleu en dessous d'une certaine profondeur. Une partie de cette lumière bleue est diffusée en direction de la surface : c'est pourquoi les océans sont de couleur bleue vus depuis l'espace. Mais l'océan est également bleu lorsqu'on le regarde depuis le niveau de la mer, et les hauts-fonds couverts de sable blanc apparaissent turquoise.

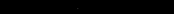

@ ▶▶

Fond marin

LES ZONES D'ÉCLAIREMENT MARINES
Dans les océans et les lacs profonds, le filtrage de la lumière crée différentes zones de luminosité selon la profondeur. Immédiatement en dessous de la surface, se trouve la zone éclairée où pénètre suffisamment de lumière pour que les plantes aquatiques et les algues puissent se développer. Dans les eaux tropicales claires, cette zone peut atteindre environ 200 m de profondeur. En dessous, commence la zone crépusculaire, où seule une faible lumière bleue subsiste ; elle descend jusque vers 900 m. Au-delà, plus aucune lumière du Soleil ne pénètre : c'est la zone sombre où il fait toujours noir. Dans les régions où la turbidité est très forte et où l'eau est beaucoup moins claire, les frontières entre ces trois zones peuvent être beaucoup moins profondes.

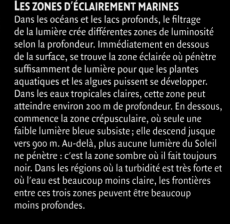

La ligne latérale composée de pores sensoriels court le long des flancs du poisson.

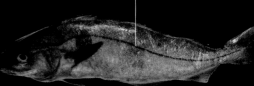

UN SENS DE LA PRESSION CHEZ LES POISSONS
Les animaux aquatiques sont informés des moindres mouvements de tout ce qui les entoure parce que l'eau transmet très bien les changements locaux de pression dûs aux mouvements. Les poissons captent ces changements grâce à leur ligne latérale, un dispositif sensoriel sensible à la pression. C'est ce qui permet à des bancs entiers de nager en formations parfaitement coordonnées.

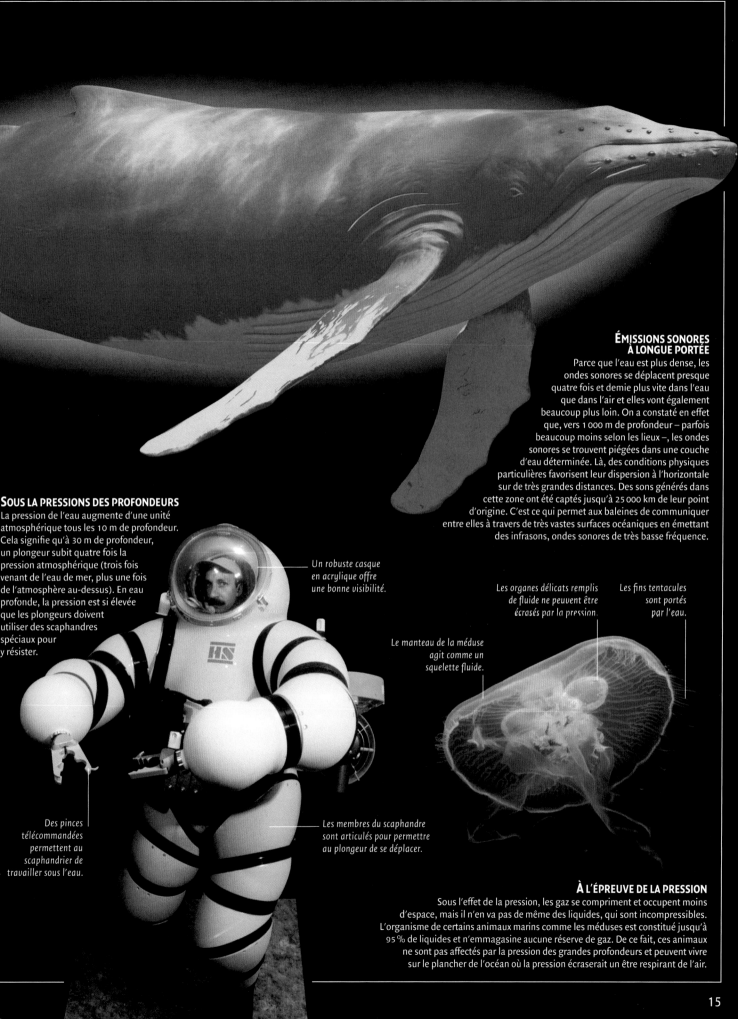

ÉMISSIONS SONORES À LONGUE PORTÉE

Parce que l'eau est plus dense, les ondes sonores se déplacent presque quatre fois et demie plus vite dans l'eau que dans l'air et elles vont également beaucoup plus loin. On a constaté en effet que, vers 1 000 m de profondeur – parfois beaucoup moins selon les lieux –, les ondes sonores se trouvent piégées dans une couche d'eau déterminée. Là, des conditions physiques particulières favorisent leur dispersion à l'horizontale sur de très grandes distances. Des sons générés dans cette zone ont été captés jusqu'à 25 000 km de leur point d'origine. C'est ce qui permet aux baleines de communiquer entre elles à travers de très vastes surfaces océaniques en émettant des infrasons, ondes sonores de très basse fréquence.

SOUS LA PRESSIONS DES PROFONDEURS

La pression de l'eau augmente d'une unité atmosphérique tous les 10 m de profondeur. Cela signifie qu'à 30 m de profondeur, un plongeur subit quatre fois la pression atmosphérique (trois fois venant de l'eau de mer, plus une fois de l'atmosphère au-dessus). En eau profonde, la pression est si élevée que les plongeurs doivent utiliser des scaphandres spéciaux pour y résister.

Un robuste casque en acrylique offre une bonne visibilité.

Les organes délicats remplis de fluide ne peuvent être écrasés par la pression.

Les fins tentacules sont portés par l'eau.

Le manteau de la méduse agit comme un squelette fluide.

Des pinces télécommandées permettent au scaphandrier de travailler sous l'eau.

Les membres du scaphandre sont articulés pour permettre au plongeur de se déplacer.

À L'ÉPREUVE DE LA PRESSION

Sous l'effet de la pression, les gaz se compriment et occupent moins d'espace, mais il n'en va pas de même des liquides, qui sont incompressibles. L'organisme de certains animaux marins comme les méduses est constitué jusqu'à 95 % de liquides et n'emmagasine aucune réserve de gaz. De ce fait, ces animaux ne sont pas affectés par la pression des grandes profondeurs et peuvent vivre sur le plancher de l'océan où la pression écraserait un être respirant de l'air.

L'EAU DES VOLCANS

La plus grande partie de l'eau présente à la surface de la Terre a probablement été libérée sous forme de vapeur par des volcans massifs il y a quelque 4,2 milliards d'années, une époque où notre planète, récemment formée, n'était encore qu'une boule rocheuse très chaude. Cette vapeur d'eau se retrouva donc dans l'atmosphère primitive, dont elle constituait une grande partie. Mais peu à peu, la Terre se refroidit, la vapeur se condensa en gouttes de pluie qui tombèrent sur le sol pendant des millions d'années, formant l'océan global primordial.

LES MERS ET LES OCÉANS

Les océans couvrent plus des deux tiers de la planète. Avec une profondeur moyenne de 3 730 m et un volume total de 1 347 milliards de kilomètres cubes, ils concentrent 97 % de l'eau mondiale. Le premier océan s'est formé très tôt dans l'histoire de la Terre. Les plus vieilles roches connues, datées d'au moins quatre milliards d'années, portent des caractères montrant qu'elles se sont formées sur un fond océanique. Cela suggère que l'océan existait probablement avant les continents et qu'il recouvrait sans doute alors la totalité du globe. Il fut ensuite divisé par les continents qui émergèrent à partir d'éruptions volcaniques et qui se mirent à dériver lentement autour du globe sur les plaques tectoniques de la croûte terrestre. Ce processus est lui même favorisé par l'eau qui, en traversant le plancher marin, permet aux roches de la croûte de glisser plus aisément.

Les volcans rejettent de la vapeur d'eau dans l'atmosphère.

Les bassins océaniques se remplissent d'eau de pluie.

La croûte constitue une robuste enveloppe rocheuse externe.

Une épaisse croûte continentale forme les premiers continents.

De la croûte océanique nouvelle se forme aux abords des dorsales à partir desquelles les plaques tectoniques s'écartent.

La croûte formant le plancher océanique est mince.

Aux abords de la croûte, le magma devient plus fluide.

Dans la Terre se trouve un manteau composé d'un magma très chaud mais solide, animé de très lents courants de chaleur.

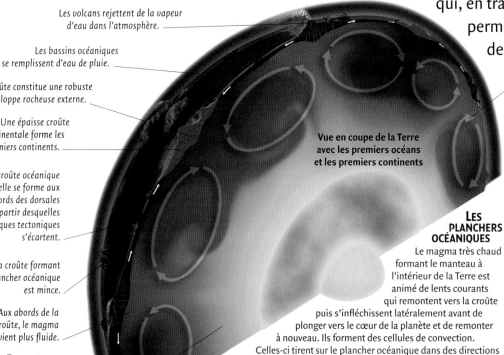

Vue en coupe de la Terre avec les premiers océans et les premiers continents

Les courants de chaleur dans le manteau forment des boucles appelées cellules de convection.

LES PLANCHERS OCÉANIQUES

Le magma très chaud formant le manteau à l'intérieur de la Terre est animé de lents courants qui remontent vers la croûte puis s'infléchissent latéralement avant de plonger vers le cœur de la planète et de remonter à nouveau. Ils forment des cellules de convection. Celles-ci tirent sur le plancher océanique dans des directions opposées, ce qui l'a brisé en différentes plaques. En certains endroits, les plaques s'écartent les unes des autres, en d'autres elles se rapprochent. Les lignes de brisure, le long desquelles les plaques s'écartent, forment les dorsales océaniques. Le magma remontant du manteau vient combler l'ouverture centrale. Il se refroidit et se solidifie au contact de l'eau, générant une croûte jeune qui, de part et d'autre, pousse sur les plaques et élargit les océans.

L'IDÉE DE HARRY HESS

Au début du XXe siècle, l'Allemand Alfred Wegener émit sa théorie de la dérive des continents, mais il ne parvenait pas à en expliquer le mécanisme. En 1960, le géologue américain Harry Hess, ex-commandant de la Navy, proposa l'explication selon laquelle la croûte connaissait une expansion de chaque côté des dorsales océaniques. L'idée fut complétée par d'autres scientifiques pour produire la théorie de la tectonique des plaques, qui devait révolutionner les sciences de la Terre.

DE L'EAU DOUCE À L'EAU SALÉE

Le premier océan formé à partir de la vapeur libérée par les volcans était composé d'eau douce. Puis les premiers continents commencèrent à se former par la réunion de chaînes d'îles volcaniques. L'érosion due aux pluies très fortes lessiva les sels minéraux de ces jeunes terres et les entraîna vers l'océan, qui devinrent salés. Les ravinements qui entaillent les côtes de cette île volcanique prouvent que le phénomène est toujours à l'œuvre de nos jours. Mais d'autres agents – essentiellement des organismes vivants – captent le sel marin et le fixent dans les sédiments du fond, de sorte que le taux de salinité des océans s'est stabilisé.

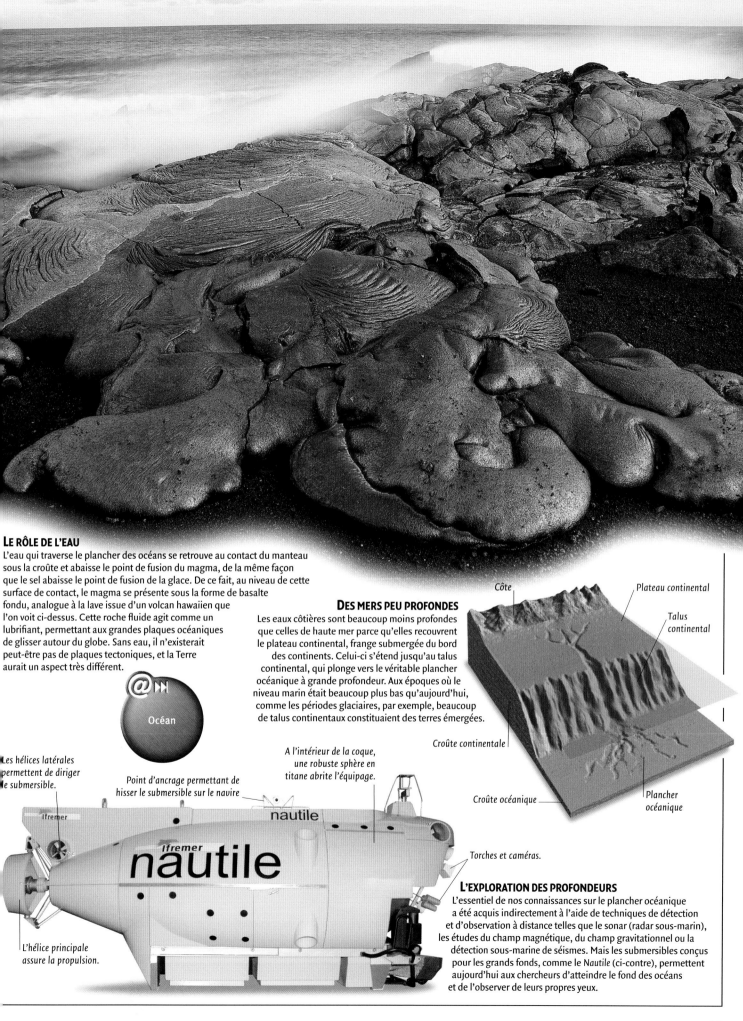

LE RÔLE DE L'EAU

L'eau qui traverse le plancher des océans se retrouve au contact du manteau sous la croûte et abaisse le point de fusion du magma, de la même façon que le sel abaisse le point de fusion de la glace. De ce fait, au niveau de cette surface de contact, le magma se présente sous la forme de basalte fondu, analogue à la lave issue d'un volcan hawaiien que l'on voit ci-dessus. Cette roche fluide agit comme un lubrifiant, permettant aux grandes plaques océaniques de glisser autour du globe. Sans eau, il n'existerait peut-être pas de plaques tectoniques, et la Terre aurait un aspect très différent.

@▸▸
Océan

DES MERS PEU PROFONDES

Les eaux côtières sont beaucoup moins profondes que celles de haute mer parce qu'elles recouvrent le plateau continental, frange submergée du bord des continents. Celui-ci s'étend jusqu'au talus continental, qui plonge vers le véritable plancher océanique à grande profondeur. Aux époques où le niveau marin était beaucoup plus bas qu'aujourd'hui, comme les périodes glaciaires, par exemple, beaucoup de talus continentaux constituaient des terres émergées.

Côte
Plateau continental
Talus continental
Croûte continentale
Croûte océanique
Plancher océanique

Les hélices latérales permettent de diriger le submersible.

Point d'ancrage permettant de hisser le submersible sur le navire

A l'intérieur de la coque, une robuste sphère en titane abrite l'équipage.

Ifremer
nautile
Ifremer nautile

Torches et caméras.

L'hélice principale assure la propulsion.

L'EXPLORATION DES PROFONDEURS

L'essentiel de nos connaissances sur le plancher océanique a été acquis indirectement à l'aide de techniques de détection et d'observation à distance telles que le sonar (radar sous-marin), les études du champ magnétique, du champ gravitationnel ou la détection sous-marine de séismes. Mais les submersibles conçus pour les grands fonds, comme le Nautile (ci-contre), permettent aujourd'hui aux chercheurs d'atteindre le fond des océans et de l'observer de leurs propres yeux.

LES COUCHES ET LES COURANTS OCÉANIQUES

L'eau des océans n'est pas partout semblable. L'eau bleue de la zone tropicale chaude (de part et d'autre de l'équateur) est assez différente de l'eau gris-vert des mers côtières froides, ou du pack dérivant des océans polaires. Ces disparités sont dues à la chaleur du Soleil qui réchauffe beaucoup plus les eaux de surface des tropiques que celles des mers polaires, et qui crée des couches d'eau de différentes températures à différentes profondeurs. Le réchauffement solaire entraîne aussi, à l'échelle globale, des déplacement de masses d'air qui génèrent les vents. À leur tour, ceux-ci, en interagissant avec la rotation de la planète, produisent les courants océaniques de surface. Ces courants de surface sont reliés aux courants profonds en un système circulatoire qui transporte l'eau océanique tout autour du monde, redistribuant la chaleur et contribuant à atténuer les amplitudes de température. Les courants marins transportent également les gaz dissous et les nutriments essentiels à la vie océanique.

Dans la mer des Caraïbes, où le soleil tropical est plus intense, l'eau est constamment chaude.

Amérique du Nord

Amérique du Sud

LES EAUX DE SURFACE
Les rayons solaires réchauffent la surface de l'océan, en particulier sous les tropiques où leur rayonnement est plus intense. Mais leur chaleur ne pénètre pas très profondément. Les eaux de surface l'absorbent pour former une couche supérieure chaude. Cette eau se dilate et devient donc moins dense, de sorte qu'elle flotte au-dessus de la couche inférieure plus froide et plus lourde. Ces deux couches sont séparées par une zone de transition appelée thermocline.

Les courants de surface tournent dans le sens des aiguilles d'une montre dans la gyre nord-atlantique.

Les courants tournent dans le sens inverse des aiguilles d'une montre dans la gyre sud-atlantique.

Equateur

UNE BARRIÈRE INVISIBLE
Dans les océans froids, les tempêtes saisonnières tendent à briser la thermocline. Cela permet aux eaux de surface de se mélanger avec l'eau froide, riche en éléments nourriciers, du dessous. Ces nutriments favorisent la croissance du plancton, ce qui donne à l'eau une couleur vert trouble. Dans la plupart des océans chauds, la thermocline empêche les eaux riches d'atteindre la surface. C'est pourquoi les mers tropicales sont généralement d'un bleu transparent.

LES COURANTS DE SURFACE
Les courants de surface sont poussés par les vents qui soufflent vers l'ouest près de l'équateur, et vers l'est dans les zones tempérées. Les vents tendent en effet à entraîner avec eux les eaux de surface, créant d'immenses mouvements circulaires appelés gyres qui tournent dans le sens des aiguilles d'une montre dans l'hémisphère Nord, et dans le sens inverse dans l'hémisphère Sud. Ceux-ci emportent les eaux chaudes vers les pôles et les eaux froides vers les tropiques.

→ Courant chaud   → Courant froid

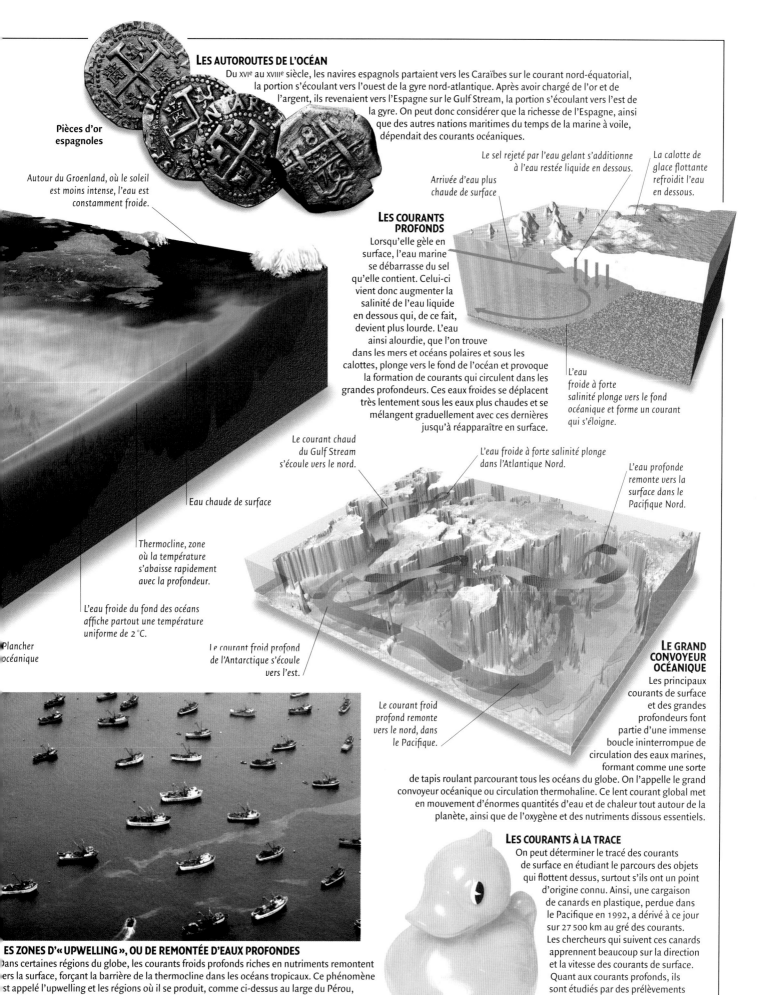

LES AUTOROUTES DE L'OCÉAN

Du XVIe au XVIIIe siècle, les navires espagnols partaient vers les Caraïbes sur le courant nord-équatorial, la portion s'écoulant vers l'ouest de la gyre nord-atlantique. Après avoir chargé de l'or et de l'argent, ils revenaient vers l'Espagne sur le Gulf Stream, la portion s'écoulant vers l'est de la gyre. On peut donc considérer que la richesse de l'Espagne, ainsi que des autres nations maritimes du temps de la marine à voile, dépendait des courants océaniques.

Pièces d'or espagnoles

Autour du Groenland, où le soleil est moins intense, l'eau est constamment froide.

Le sel rejeté par l'eau gelant s'additionne à l'eau restée liquide en dessous.

La calotte de glace flottante refroidit l'eau en dessous.

Arrivée d'eau plus chaude de surface

LES COURANTS PROFONDS

Lorsqu'elle gèle en surface, l'eau marine se débarrasse du sel qu'elle contient. Celui-ci vient donc augmenter la salinité de l'eau liquide en dessous qui, de ce fait, devient plus lourde. L'eau ainsi alourdie, que l'on trouve dans les mers et océans polaires et sous les calottes, plonge vers le fond de l'océan et provoque la formation de courants qui circulent dans les grandes profondeurs. Ces eaux froides se déplacent très lentement sous les eaux plus chaudes et se mélangent graduellement avec ces dernières jusqu'à réapparaître en surface.

L'eau froide à forte salinité plonge vers le fond océanique et forme un courant qui s'éloigne.

Le courant chaud du Gulf Stream s'écoule vers le nord.

L'eau froide à forte salinité plonge dans l'Atlantique Nord.

L'eau profonde remonte vers la surface dans le Pacifique Nord.

Eau chaude de surface

Thermocline, zone où la température s'abaisse rapidement avec la profondeur.

L'eau froide du fond des océans affiche partout une température uniforme de 2 °C.

Plancher océanique

Le courant froid profond de l'Antarctique s'écoule vers l'est.

Le courant froid profond remonte vers le nord, dans le Pacifique.

LE GRAND CONVOYEUR OCÉANIQUE

Les principaux courants de surface et des grandes profondeurs font partie d'une immense boucle ininterrompue de circulation des eaux marines, formant comme une sorte de tapis roulant parcourant tous les océans du globe. On l'appelle le grand convoyeur océanique ou circulation thermohaline. Ce lent courant global met en mouvement d'énormes quantités d'eau et de chaleur tout autour de la planète, ainsi que de l'oxygène et des nutriments dissous essentiels.

LES COURANTS À LA TRACE

On peut déterminer le tracé des courants de surface en étudiant le parcours des objets qui flottent dessus, surtout s'ils ont un point d'origine connu. Ainsi, une cargaison de canards en plastique, perdue dans le Pacifique en 1992, a dérivé à ce jour sur 27 500 km au gré des courants. Les chercheurs qui suivent ces canards apprennent beaucoup sur la direction et la vitesse des courants de surface. Quant aux courants profonds, ils sont étudiés par des prélèvements d'échantillons en profondeur.

LES ZONES D'« UPWELLING », OU DE REMONTÉE D'EAUX PROFONDES

Dans certaines régions du globe, les courants froids profonds riches en nutriments remontent vers la surface, forçant la barrière de la thermocline dans les océans tropicaux. Ce phénomène est appelé l'upwelling et les régions où il se produit, comme ci-dessus au large du Pérou, regorgent de vie et constituent des zones de pêche qui attirent de nombreux pêcheurs.

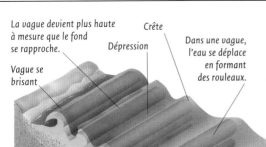

La vague devient plus haute à mesure que le fond se rapproche.

Crête

Dépression

Dans une vague, l'eau se déplace en formant des rouleaux.

Vague se brisant

LE VENT ET LES VAGUES

Lorsque le vent balaie la surface des océans, il transmet une partie de son énergie à l'eau sous forme de mouvement. Il donne ainsi naissance à des ondes que l'on nomme les vagues, successions de crêtes et de dépressions qui se déplacent à la surface de l'étendue liquide. Chaque vague soulève les particules d'eau dans un mouvement de rouleau tournant. A mesure qu'elle se rapproche du rivage, le mouvement de l'eau à la base de la vague est ralenti par le fond marin et la crête de la vague s'effondre.

LES VAGUES ET LES MARÉES

Le vent qui entraîne les courants marins est également à l'origine de la formation des vagues. Ces dernières sont en fait des ondes d'énergie. Contrairement aux courants, elles n'emportent pas l'eau sur de grandes distances, mais l'énergie qui les anime se déplace, quant à elle, à travers les océans. Par gros temps, les vagues peuvent être très destructrices à cause de leur hauteur – qui peut dépasser celle des grands navires – et du poids de l'eau qui s'affale lorsqu'elles se brisent. Plus quotidiennement, les marées qui balaient les côtes déplacent des masses d'eau considérables le long du littoral et créent des courants de marée parfois beaucoup plus rapides que les courants océaniques. Lorsque ceux-ci circulent dans d'étroits chenaux ou autour de langues de terre, ils peuvent donner naissance à de dangereux remous et tourbillons.

LES VAGUES TUEUSES

En haute mer, deux systèmes de vagues peuvent se rencontrer. Dans ce cas, soit ils s'annulent mutuellement, soit les vagues se combinent pour en créer de plus puissantes. C'est ainsi que peuvent se former d'énormes vagues pouvant atteindre 30 m de haut. Elles sont heureusement rares mais assez grosses pour submerger de gros bateaux et même les faire couler. On voit ci-contre une scène du film *En pleine tempête*, qui relate l'histoire véridique d'un bateau de pêche, l'*Andrea Gail*, disparu en 1991 dans une tempête dans l'Atlantique Nord. Le bateau est ici sur le point d'être entraîné par le fond par la vague tueuse.

UNE FORCE DESTRUCTRICE

Lorsqu'une vague atteint des eaux peu profondes, elle devient moins large, plus haute et plus abrupte jusqu'à ce que sa crête retombe vers l'avant et qu'elle se brise. Toute son énergie s'écrase alors sur le rivage, injectant en force de l'eau dans les fissures des rochers exposés qu'elle finit par briser sous l'effet de la pression hydraulique. L'eau entraîne ensuite les fragments de roches qu'elle précipite contre la côte, dont elle accélère ainsi l'érosion.

LA FORMATION DES PLAGES

Tous les débris de roches arrachés par l'action érosive des vagues sont brisés en fragments de plus en plus petits. A force d'être roulés le long de la grève, ils sont réduits à de simples galets ou des grains de sable, puis balayés vers des endroits où les vagues sont moins violentes et ne les remportent plus vers la mer. Les pierres les plus grosses se déposent les premières pour former les bancs de galets, tandis que les particules les plus fines voyagent jusqu'aux endroits plus abrités pour former les plages de gravier et de sable.

Les gros galets se déposent les premiers.

Les petits galets sont entraînés plus loin.

Les graviers forment des plages de sable grossier.

Le sable forme des plages dans les baies aux eaux calmes.

Un séisme provoque une surélévation brutale du fond marin.

L'onde de choc élève l'eau soudainement.

En eau profonde, la vague reste longue et peu élevée.

La vague raccourcit et devient très haute et destructrice par faible profondeur.

LES TSUNAMIS

Les vagues les plus tristement célèbres sont les tsunamis, qui sont déclenchés par des séismes sous-marins ou des éruptions explosives d'îles volcaniques. Tant qu'une vague de tsunami est en haute mer, elle reste peu élevée et quasi indécelable. Mais à l'approche du rivage, la hauteur de crête augmente considérablement, ainsi que la profondeur de la dépression de la vague. De telles vagues sont dévastatrices lorsqu'elles touchent les côtes : le tsunami de fin 2004 sur les rivages asiatiques tua près de 230 000 personnes.

LES MARÉES LOCALES

Sur la plupart des côtes, la mer monte et descend deux fois par jour, laissant les bateaux échoués à marée basse. Mais par endroits, des particularités locales telle la configuration des côtes ou du fond marin peuvent réduire les marées à une seule par jour, voire les éliminer complètement. Elles peuvent aussi concentrer le flux en très fortes marées, susceptibles de donner naissance à de dangereux courants locaux.

@▶▶

Marée

TERRE

La gravité de la Lune provoque un renflement de marée sur la face de la Terre tournée vers elle.

LUNE

Un second renflement se forme sur la face opposée au premier.

Effet des deux renflements combinés

Zone de marée basse

Zone de marée haute

La Terre tourne sur elle-même.

MARÉE HAUTE, MARÉE BASSE

Parce qu'ils sont composés d'eau à l'état liquide, les océans sont très sensibles à l'attraction gravitationnelle de la Lune et forment un renflement de 1 à 3 m en moyenne sur les faces de la Terre soumises aux forces de marée. La forte attraction lunaire qui s'applique du côté du globe faisant face à la Lune provoque un renflement océanique en attirant l'eau dans sa direction. Mais cette force s'applique également au globe terrestre sous l'océan, ainsi que sur la couche océanique de la face opposée. Toutefois, la force de gravité diminuant avec la distance, elle tire un peu moins fort sur le globe terrestre et encore moins fort sur la couche océanique de la face opposée. Cette dernière est donc « à la traîne » et c'est ce qui explique le renflement qui se forme de l'autre côté. Ces deux renflements se maintiennent à peu près alignés dans l'axe de la Lune tandis que le globe terrestre tourne sur lui-même. De ce fait, un même point du globe traverse deux fois par jour une zone de marée haute et de marée basse. Le Soleil intervient aussi dans ce mécanisme, renforçant ou atténuant, selon sa position, l'attraction lunaire. Lorsqu'il tire dans la même direction que la Lune, ce sont les grandes marées.

SURFER LES VAGUES

Plus les vagues sont emportées loin par le souffle du vent, plus elles grossissent. De ce fait, les vents forts et constants qui balaient les grands océans comme le Pacifique peuvent générer de très grosses vagues. Sur les plages où celles-ci se brisent, sur les îles océaniques comme Hawaii, elles offrent aux surfers des conditions idéales pour pratiquer leur sport.

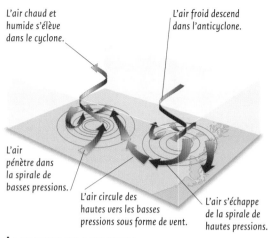

L'air chaud et humide s'élève dans le cyclone.

L'air froid descend dans l'anticyclone.

L'air pénètre dans la spirale de basses pressions.

L'air circule des hautes vers les basses pressions sous forme de vent.

L'air s'échappe de la spirale de hautes pressions.

LA CHALEUR ET LA PRESSION

L'eau échauffée par le Soleil passe dans l'air sous forme de vapeur : c'est l'évaporation. L'air également échauffé s'élève dans un mouvement spiralé, entraînant avec lui la vapeur d'eau. Les courants d'air chaud ascendants créent des zones de basses pressions appelées cyclones. Simultanément, dans une zone voisine, on peut trouver un centre de hautes pressions, appelé anticyclone, où l'inverse se produit : de l'air froid descend vers le sol. L'air se déplace des zones de hautes pressions vers les zones de basses pressions, donnant naissance au vent. Les hautes pressions apportent généralement des temps secs et beaux, les basses pressions de la pluie.

L'EAU ET LA MÉTÉOROLOGIE

L'eau est un élément essentiel des mécanismes météorologiques. La vapeur qui s'évapore des océans, des lacs, des rivières et des forêts se condense et, souvent, gèle pour former les nuages, la pluie et la neige qui retombent au sol. Les diverses étapes de ce processus s'accompagnent de considérables transferts d'énergie, laquelle est tantôt absorbée, tantôt restituée et convertie sous forme de vent. Ainsi, même les phénomènes climatiques extrêmes, telles les tempêtes et les tornades, sont essentiellement alimentés par les transferts d'énergie liés aux changements d'état de l'eau atmosphérique.

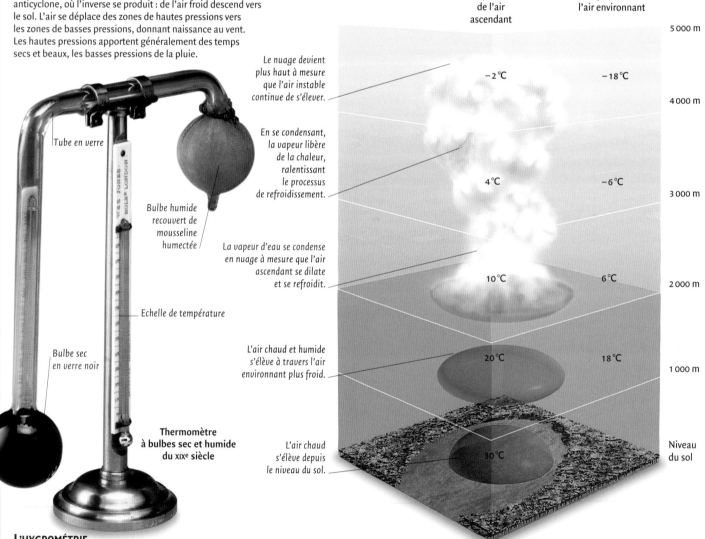

Tube en verre

Bulbe humide recouvert de mousseline humectée

Echelle de température

Bulbe sec en verre noir

Thermomètre à bulbes sec et humide du XIXe siècle

Température de l'air ascendant

Température de l'air environnant

5 000 m

Le nuage devient plus haut à mesure que l'air instable continue de s'élever.

−2 °C   −18 °C

4 000 m

En se condensant, la vapeur libère de la chaleur, ralentissant le processus de refroidissement.

4 °C   −6 °C

3 000 m

La vapeur d'eau se condense en nuage à mesure que l'air ascendant se dilate et se refroidit.

10 °C   6 °C

2 000 m

L'air chaud et humide s'élève à travers l'air environnant plus froid.

20 °C   18 °C

1 000 m

L'air chaud s'élève depuis le niveau du sol.

30 °C

Niveau du sol

L'HYGROMÉTRIE

Le taux d'humidité de l'air est appelé hygrométrie. Elle peut être mesurée à l'aide d'un thermomètre à bulbe sec et bulbe humide (ci-dessus). Le bulbe sec est un thermomètre ordinaire. Le bulbe humide est enveloppé d'une mousseline humide. Placée dans un air sec, celle-ci s'assèche et le bulbe se refroidit car l'eau, en s'évaporant, absorbe de la chaleur. Plus l'air est sec, plus le bulbe humide se refroidit. De ce fait, plus la différence entre les indications des deux thermomètres est grande, plus l'hygrométrie est faible.

LA FORMATION DES NUAGES

En s'élevant, l'air chaud chargé d'humidité se dilate et se refroidit. La vapeur d'eau qu'il contient se refroidit aussi et se condense en minuscules gouttelettes d'eau qui forment les nuages. Ce processus de condensation libère de la chaleur qui ralentit le refroidissement, de sorte que l'air dans les nuages est plus chaud que celui alentour. L'air chaud continue de monter, venant grossir et élever les nuages, jusqu'à ce qu'il n'y ait plus de vapeur d'eau dans l'air, ou que l'air qui s'élève devienne plus froid que celui qui l'entoure.

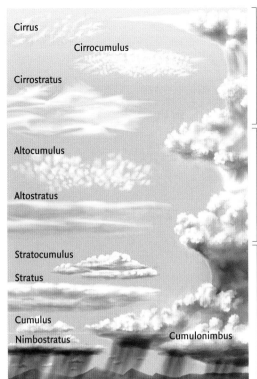

Cirrus
Cirrocumulus
Cirrostratus
Altocumulus
Altostratus
Stratocumulus
Stratus
Cumulus
Nimbostratus
Cumulonimbus

Haute altitude,
plus de 6 000 m

Altitude moyenne,
2 000-6 000 m

Basse
altitude,
0-2 000 m

LES TYPES DE NUAGES

Les nuages sont classés en dix types de base, avec des noms latins indiquant leur apparence ou leur effet. Ainsi, cirrus signifie boucle, stratus, couche, cumulus, tas et nimbus, pluie. La plupart se forment à des altitudes données, basses, moyennes ou hautes, mais l'énorme cumulonimbus, qui provoque les orages et les tempêtes, peut s'accumuler sur une hauteur de 16 000 m.

LUKE HOWARD ET LES NUAGES

Le système de nomenclature des nuages est basé sur la classification établie en 1802 par le chimiste et météorologiste amateur anglais Luke Howard (1772-1864). Son «Essai sur la modification des nuages» (Essay on the Modification of Clouds), publié en 1803, fut la première étude scientifique des types de nuages. La classification de Howard se révéla si simple et efficace qu'elle est encore en usage chez les météorologues d'aujourd'hui.

LA PLUIE ET LA NEIGE

Les courants d'air ascendants et descendants au cœur des nuages précipitent les unes contre les autres les minuscules gouttelettes d'eau, de sorte qu'elles entrent en collision pour former des gouttelettes plus grosses. Elles finissent par devenir assez lourdes pour retomber sous forme de pluie. La même chose se produit avec les cristaux de glace microscopiques qui constituent les nuages de haute altitude. En s'agglutinant, ils forment les flocons de neige.

La surface d'un grêlon
est irrégulière.

LA GRÊLE

Les gouttes de pluie agitées par les courants au sein des nuages de tempête peuvent s'élever jusqu'à des altitudes où elles gèlent. Elles retombent alors dans le nuage sous forme de glace, captent d'autres gouttes d'eau qui les font grossir avant de repartir vers le haut. Elles finissent par former des grêlons qui s'abattent au sol. Plus le nuage est volumineux, plus les grêlons peuvent devenir gros.

LES NUAGES DE TEMPÊTE

Là où l'évaporation est intense, d'énormes masses de vapeur d'eau s'élèvent, se refroidissent et se condensent pour former de gros nuages. Ce processus libère de l'énergie qui réchauffe l'air et le force à s'élever plus haut, emportant avec lui toujours plus de vapeur d'eau. Celle-ci se condense à son tour, libérant toujours plus de chaleur. Si la vapeur d'eau est en quantité suffisante, elle peut ainsi donner naissance à d'énormes cumulonimbus porteurs de tempête. Le poids de l'eau dans le nuage finit par être tel que l'air chaud ascendant ne parvient plus à le supporter. Elle retombe alors en pluies torrentielles.

LES CYCLONES

C'est au-dessus des océans tropicaux que se forment les plus gros nuages de tempête. Ils donnent naissance aux cyclones, systèmes de très basses pressions générateurs de vents extrêmement puissants. Les cyclones tropicaux provoquent aussi des surcotes marines, gonflements des eaux qui peuvent submerger les côtes basses et semer la dévastation, comme ce fut le cas à la Nouvelle-Orléans en 2005 avec le cyclone Katrina, ou au Myanmar (Birmanie) en 2008 avec Nargis.

LE CYCLE DE L'EAU

Sous l'effet de la chaleur, de la vapeur d'eau s'évapore des océans. Ce faisant, elle abandonne sur place toutes les impuretés et les éléments dissous qu'elles contient – notamment le sel marin – pour se transformer en eau douce et pure. Dans l'atmosphère, elle forme les nuages qui, poussés par les vents, sont emportés au-dessus des terres. Là, les nuages crèvent et retombent en pluie ou en neige. Une partie de l'eau atteignant le sol se retrouve stockée dans les calottes polaires et les glaciers. Celle qui reste liquide ruisselle à la surface du sol et forme les lacs, ruisseaux et rivières, ou bien s'infiltre sous terre où elle forme les nappes phréatiques. En s'écoulant, l'eau se charge de minéraux et d'autres substances qu'elle dissout et emporte avec elle. Par le réseau des cours d'eau et des nappes souterraines, elle finit par revenir vers la mer, où le grand cycle recommence.

L'eau retombe sous forme de pluie.

Le vent emporte les nuages vers les terres.

De la vapeur d'eau s'élève aussi des lacs.

En se refroidissant, la vapeur d'eau se condense en nuages.

Les plantes libèrent de l'eau dans l'air par transpiration.

La vapeur d'eau s'élève des océans.

L'eau de surface revient vers l'océan par les rivières et les fleuves.

Thermomètre

1. De la vapeur d'eau pure s'évapore d'une solution qui est portée à ébullition.

2. La vapeur est refroidie dans un tube condensateur et se condense en eau pure.

Le liquide de refroidissement réchauffé ressort du tube condensateur.

Un liquide de refroidissement est injecté dans le tube condensateur.

3. De l'eau pure distillée s'accumule dans le ballon.

L'eau souterraine revient vers l'océan.

UN LONG VOYAGE

L'eau s'évapore des océans mais également des sols, des lacs et des cours d'eau, et même des forêts sous l'effet de la transpiration des plantes. Lorsqu'elle retombe en pluie sur la terre ferme, une très grande partie s'écoule à la surface et, par ruissellement, constitue les ruisseaux, les rivières et les fleuves, qui rejoignent la mer. Mais une part importante de l'eau pénètre également dans le sol et, par infiltration, traverse les roches perméables pour constituer des réseaux de nappes souterraines qui s'écoulent très doucement vers le bas des pentes.

LA DISTILLATION

Lorsqu'une solution d'eau et d'un autre composé chimique est chauffée, l'eau s'évapore, laissant derrière elle le composé chimique. Ce phénomène se produit parce que la chaleur qui transforme le liquide en gaz brise les liaisons entre les molécules d'eau et celles de l'autre composé. Ce processus est appelé distillation si la vapeur d'eau se condense et qu'elle est collectée. C'est exactement ce qui se passe avec la chaleur du Soleil qui distille l'eau de mer en eau pure rassemblée en nuages. Cette partie du cycle de l'eau fonctionne donc comme une gigantesque distillerie alimentée par l'énergie solaire.

L'eau gèle et retombe sous forme de neige.

La glace forme les glaciers.

L'eau drainée s'infiltre dans le sol.

L'eau s'écoule des reliefs sous forme de torrents, ruisseaux, rivières et fleuves.

DES JOURS, DES ANNÉES, DES SIÈCLES…

La vitesse de rotation du cycle de l'eau est très inégale selon les secteurs. Sur une petite île rocheuse, par exemple, l'eau des pluies peut être revenue dans la mer quelques heures seulement après être tombée. Mais dans d'autres parties du cycle, il lui faut beaucoup plus de temps. Ainsi, l'eau souterraine met des années à revenir vers la mer. Celle qui pénètre profondément dans les roches peut y rester des siècles. Quant à l'eau qui tombe sous forme de neige, la majeure partie se trouve prise dans les glaciers. Comprimée en une dense glace bleue, elle y reste bloquée des milliers d'années avant de réintégrer le cycle.

LES RACCOURCIS DU CYCLE

Sous les climats chauds, la majeure partie des eaux de pluie ne revient jamais vers les océans. Dans les zones désertiques, elle s'évapore presque aussitôt qu'elle a touché le sol. Dans les forêts tropicales, elle est pompée par les arbres et renvoyée directement dans l'atmosphère par leur transpiration (voir p. 45).

UN SUPERCYCLE

Le cycle le plus long est celui qui entraîne l'eau marine au cœur même du manteau de la Terre avec les roches du plancher marin. Ce phénomène se produit dans les zones de subduction, là où les plaques océaniques s'enfoncent sous les plaques continentales (voir p. 17). Cette eau ressort des millions d'années plus tard sous forme de vapeur dans des éruptions volcaniques, après quoi elle réintègre le cycle normal.

Mouvement de la plaque continentale

La vapeur d'eau est éjectée avec la lave d'un volcan lors d'une éruption.

L'eau est entraînée dans le sous-sol avec le plancher marin dans les zones de subduction.

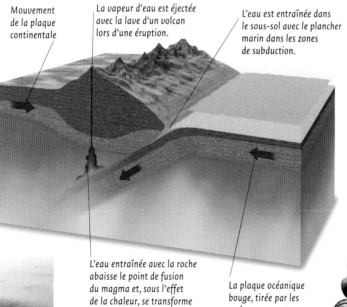

L'eau entraînée avec la roche abaisse le point de fusion du magma et, sous l'effet de la chaleur, se transforme en vapeur.

La plaque océanique bouge, tirée par les roches mouvantes sous la croûte.

UN SAVOIR ANCIEN

A Baiheliang, dans le sud-ouest de la Chine, une stèle massive datant de 500 av. J.-C. est fichée dans la berge du fleuve Yangtsé. Elle présente des sculptures de poissons et près de 30 000 caractères chinois gravés rapportant les variations du niveau de l'eau au cours de 1 200 années consécutives. Les Chinois savaient que l'importance des récoltes annuelles était liée au niveau de l'eau du fleuve. Cela signifie que dès cette époque, ils avaient la notion du cycle de l'eau.

LES IDÉES D'ARISTOTE

Le philosophe de la Grèce antique Aristote (384-322 av. J.-C.) avait des idées intéressantes mais erronées sur le cycle de l'eau. Il pensait que l'eau de mer s'infiltrait dans les terres émergées, perdant au passage son sel, et ressortait par endroits pour alimenter le flux des rivières. En fait, il arrive que l'eau de mer passe dans les eaux souterraines continentales dans les régions côtières basses lorsqu'elles sont affectées par une élévation du niveau marin. Mais c'est au contraire parce qu'elle conserve sa salinité que nous le savons.

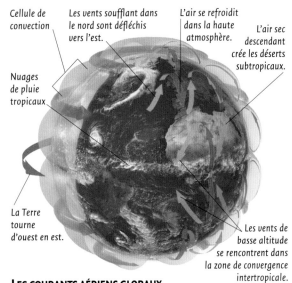

Cellule de convection

Les vents soufflant dans le nord sont défléchis vers l'est.

L'air se refroidit dans la haute atmosphère.

L'air sec descendant crée les déserts subtropicaux.

Nuages de pluie tropicaux

La Terre tourne d'ouest en est.

Les vents de basse altitude se rencontrent dans la zone de convergence intertropicale.

LES COURANTS AÉRIENS GLOBAUX

Le Soleil réchauffe la surface de la planète, élevant la température de l'air dans la basse atmosphère. L'air chaud s'élève alors avant d'infléchir son mouvement tout en refroidissant, puis de replonger vers la surface. Il forme ainsi dans l'atmosphère d'immenses boucles de circulation appelées cellules de convection. Ces cellules véhiculent la chaleur et la vapeur d'eau et créent les vents de basse altitude. A cause de la rotation de la Terre, ces vents sont défléchis vers l'est ou l'ouest, emportant l'air océanique et les pluies au-dessus des continents.

LES PLUIES TROPICALES

Les courants d'air chauds s'élèvent sous les tropiques aux abords de l'équateur, s'infléchissent vers le nord ou le sud en haute altitude, replongent dans les zones subtropicales, puis reviennent à basse altitude en direction de l'équateur. En s'élevant, l'air chaud et humide équatorial provoque la formation de nuages d'orage, générant une bande distincte sur cette image satellite. Ces nuages déversent des pluies torrentielles qui ont déterminé la formation des forêts tropicales là où elles tombent sur la terre ferme.

L'antenne envoie les données par radio vers la Terre.

DES PLUIES SOUS HAUTE SURVEILLANCE

La région le long de l'équateur où les vents tropicaux de basse altitude, venant du nord et du sud, convergent pour former les courants ascendants et les pluies tropicales, est appelée zone de convergence intertropicale. Elle est placée sous surveillance constante par les météorologues depuis l'espace au moyen de satellites comme le TRMM (ci-contre), dont la mission consiste à mesurer l'abondance des pluies tropicales et subtropicales.

Les panneaux solaires fournissent au satellite l'énergie dont il a besoin.

L'INFLUENCE DE L'EAU SUR LES CLIMATS

Les climats sont liés à des facteurs tels que la position et la taille des continents par rapport aux masses océaniques. Mais le phénomène majeur qui sous-tend tous les processus climatiques, c'est le transfert de l'énergie stockée dans la vapeur atmosphérique sous l'effet du rayonnement solaire. Il fait de l'atmosphère terrestre une immense machine thermodynamique dont les effets sur la vie sont incalculables. Là où l'eau liquide est abondante, les paysages sont verts et luxuriants ; les végétaux peuvent prospérer et alimenter de nombreuses formes de vie animales. Là où l'eau est soit partie en vapeur, soit gelée, la vie doit se mettre en suspens, voire disparaître. La machine climatique affecte même les océans et leur capacité à entretenir la vie marine.

LES DÉSERTS SUBTROPICAUX

En s'éloignant de la zone des forêts tropicales en haute altitude, l'air se déleste de la totalité de sa charge en vapeur d'eau. L'air asséché replonge sur les zones subtropicales au nord et au sud, s'échauffe à nouveau et absorbe la moindre humidité présente au sol pour créer des déserts arides à très faible végétation. C'est ce qui se passe au Sahara, ci-contre, ou dans le désert du centre de l'Australie.

DES BARRIÈRES CLIMATIQUES

L'air océanique apporte l'eau de la mer vers les terres, mais s'il se heurte à de hautes montagnes, celles-ci arrêtent la quasi-totalité des pluies. L'air qui redescend de l'autre côté crée un vent sec appelé le fœhn. Les terres qui se trouvent sous son emprise sont beaucoup moins arrosées et luxuriantes que celles de l'autre versant. L'effet de fœhn est clairement visible sur cette photo satellite de l'Himalaya, où l'essentiel des pluies tombe au sud de la chaîne de montagnes.

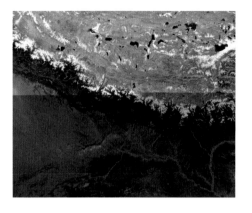

WILLIAM FERREL

Ce météorologue américain du XIXe siècle démontra qu'une partie de l'air qui plonge sur les zones subtropicales se dirige vers les pôles en s'infléchissant vers l'est. Ces vents chauds vont à la rencontre de l'air polaire, provoquant la formation de cyclones qui se déplacent vers l'est en s'éloignant des océans, apportant la pluie sur le nord de l'Europe et le nord-ouest de l'Amérique.

LA MOUSSON

Les grands continents étant beaucoup plus froids en hiver que les océans, ils refroidissent l'air et le font descendre vers le sol. En Asie, cela entraîne un déplacement d'air sec vers le sud au-dessus de l'Inde, provoquant des mois de sécheresse. Mais en été, le continent se réchauffe, ce qui réchauffe l'air qui se met alors à monter et attire au-dessus des terres de l'air humide venu de l'océan. Le vent dominant change de direction ; cette inversion saisonnière est appelée la mousson, au cours de laquelle la sécheresse fait place à des pluies torrentielles. Les pluies de mousson constituent l'unique source d'eau de 70 % des cultures en Inde. C'est pourquoi beaucoup d'Indiens célèbrent leur retour comme un événement heureux.

OCÉANS ET CONTINENTS

Les variations de température de l'eau étant beaucoup plus lentes que celles de l'air, les océans ne se réchauffent ou ne se refroidissent jamais autant que les continents. Le climat des régions qui bordent les grands océans est influencé par ce phénomène et offre des hivers doux et des étés frais. Cette maison couverte de glace, en Colombie-Britannique, au Canada, est, au contraire, située loin de l'océan, dans une région où les hivers sont froids et les étés beaucoup plus chauds.

LE SOUFFLE DU DRAGON

Les pluies estivales de mousson sont vitales pour l'agriculture de la majeure partie des pays du sud de l'Asie. Traditionnellement, pour les Chinois, les pluies sont symbolisées par le dragon, créature des cieux et des rivières. Elles peuvent parfois être violentes – comme le souffle de feu du dragon – mais elles sont aussi porteuses du don précieux de l'eau du ciel.

SÉCHERESSES ET INONDATIONS

L'eau est à la fois ressource vitale et force destructrice. Lorsqu'un épisode climatique inhabituel apporte trop peu de pluie, les récoltes se fanent, le bétail meurt et les hommes connaissent la famine. À l'inverse, lorsqu'il y a trop de pluie, des crues éclair peuvent semer la destruction sur leur passage et le niveau des cours d'eau qui s'élève risque de submerger les berges et transformer en marécages des paysages entiers. Une montée des eaux peut très vite engorger les égouts et contaminer les réserves d'eau potable, endommager les centrales électriques et priver des régions entières d'électricité, détruire les habitations et les voies de communication. La menace des sécheresses et des inondations a toujours existé, mais avec les changements climatiques, leur fréquence semble s'accroître et, associées à l'augmentation de la population, leur impact risque de devenir de plus en plus dévastateur.

CHALEUR ET POUSSIÈRE
Lorsqu'un épisode de chaleur, entraînant une évaporation de l'eau du sol plus rapide que son renouvellement par les pluies, dure suffisamment longtemps, la sécheresse s'installe. Avec la baisse du niveau des eaux souterraines, les végétaux et les cultures à racines peu profondes sont les premiers à se faner et à mourir. Les animaux d'élevage se retrouvent à cours d'aliments et d'eau tout à la fois et peuvent finir par mourir, comme ce bétail au Kenya en 2006. Dans les cas extrêmes, des paysages tout entiers peuvent se voir transformés en déserts, ce qui provoque des famines et des migrations en masse des populations humaines.

QUAND LES EAUX MONTENT
La chaleur qui assèche tout provoque aussi l'évaporation de l'eau des océans et la formation d'énormes nuages. Tandis que des régions entières souffrent de sécheresse, d'autres peuvent aussi bien se voir submergées par les eaux de pluie. Les rivières brisent leurs digues et leurs berges, le niveau des eaux souterraines monte et les paysages sont envahis par les eaux. L'inondation qui submergea la ville allemande de Dresde (ci-contre) en 2002 est due aux pluies record enregistrées cette année-là.

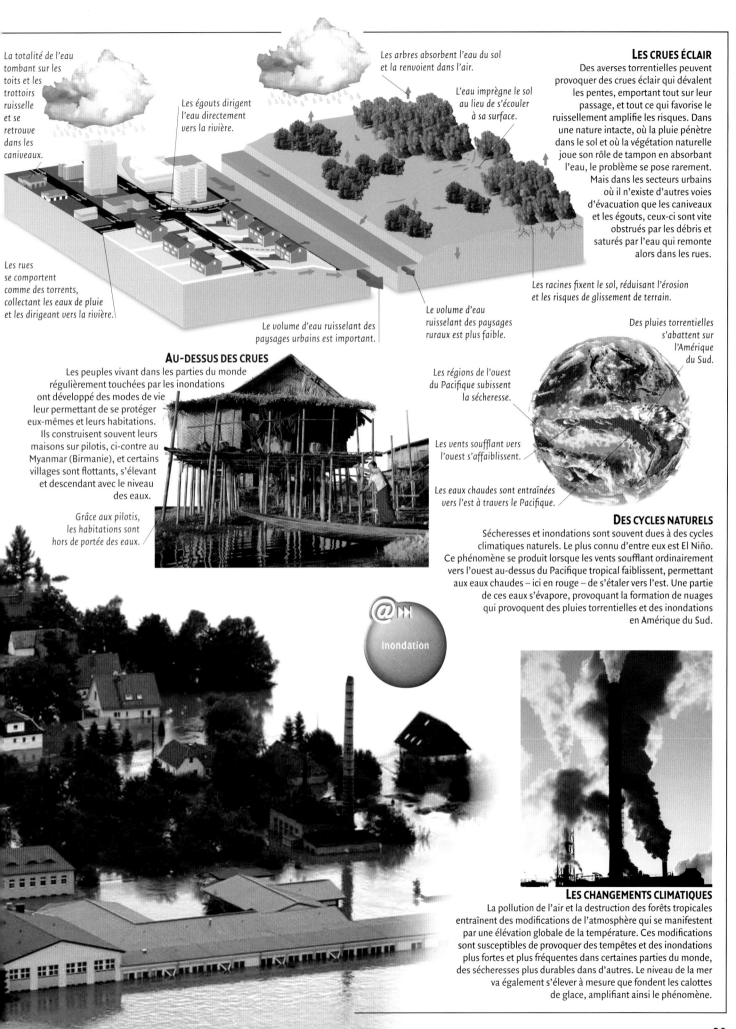

La totalité de l'eau tombant sur les toits et les trottoirs ruisselle et se retrouve dans les caniveaux.

Les égouts dirigent l'eau directement vers la rivière.

Les arbres absorbent l'eau du sol et la renvoient dans l'air.

L'eau imprègne le sol au lieu de s'écouler à sa surface.

Les rues se comportent comme des torrents, collectant les eaux de pluie et les dirigeant vers la rivière.

Le volume d'eau ruisselant des paysages urbains est important.

Le volume d'eau ruisselant des paysages ruraux est plus faible.

Les racines fixent le sol, réduisant l'érosion et les risques de glissement de terrain.

LES CRUES ÉCLAIR

Des averses torrentielles peuvent provoquer des crues éclair qui dévalent les pentes, emportant tout sur leur passage, et tout ce qui favorise le ruissellement amplifie les risques. Dans une nature intacte, où la pluie pénètre dans le sol et où la végétation naturelle joue son rôle de tampon en absorbant l'eau, le problème se pose rarement. Mais dans les secteurs urbains où il n'existe d'autres voies d'évacuation que les caniveaux et les égouts, ceux-ci sont vite obstrués par les débris et saturés par l'eau qui remonte alors dans les rues.

AU-DESSUS DES CRUES

Les peuples vivant dans les parties du monde régulièrement touchées par les inondations ont développé des modes de vie leur permettant de se protéger eux-mêmes et leurs habitations. Ils construisent souvent leurs maisons sur pilotis, ci-contre au Myanmar (Birmanie), et certains villages sont flottants, s'élevant et descendant avec le niveau des eaux.

Grâce aux pilotis, les habitations sont hors de portée des eaux.

Des pluies torrentielles s'abattent sur l'Amérique du Sud.

Les régions de l'ouest du Pacifique subissent la sécheresse.

Les vents soufflant vers l'ouest s'affaiblissent.

Les eaux chaudes sont entraînées vers l'est à travers le Pacifique.

DES CYCLES NATURELS

Sécheresses et inondations sont souvent dues à des cycles climatiques naturels. Le plus connu d'entre eux est El Niño. Ce phénomène se produit lorsque les vents soufflant ordinairement vers l'ouest au-dessus du Pacifique tropical faiblissent, permettant aux eaux chaudes – ici en rouge – de s'étaler vers l'est. Une partie de ces eaux s'évapore, provoquant la formation de nuages qui provoquent des pluies torrentielles et des inondations en Amérique du Sud.

Inondation

LES CHANGEMENTS CLIMATIQUES

La pollution de l'air et la destruction des forêts tropicales entraînent des modifications de l'atmosphère qui se manifestent par une élévation globale de la température. Ces modifications sont susceptibles de provoquer des tempêtes et des inondations plus fortes et plus fréquentes dans certaines parties du monde, des sécheresses plus durables dans d'autres. Le niveau de la mer va également s'élever à mesure que fondent les calottes de glace, amplifiant ainsi le phénomène.

L'EAU ET L'ÉROSION

Les roches sont usées en permanence par l'érosion, un phénomène dans lequel l'eau intervient de plusieurs manières. Lorsqu'elle gèle, l'eau infiltrée dans les roches augmente de volume et les fait éclater. Elle les brise ainsi peu à peu en morceaux plus petits : on appelle ce processus la gélifraction. L'eau infiltrée dissout également, par réaction chimique, les minéraux qui assurent la cohésion des roches. Enfin, en ruisselant, l'eau entraîne avec elle ces minéraux dissous et une partie des roches brisées vers le bas des pentes et finit par atteindre les océans. Les particules rejoignent les fonds marins où elles forment les sédiments qui, sous l'effet de la pression, se transformeront en roches sédimentaires. Les minéraux dissous, quant à eux, sont recyclés par la vie marine, qui peut également contribuer à la formation de nouvelles roches.

UNE USURE INCESSANTE

Plus une roche est exposée, plus les attaques de l'érosion qu'elle subit sont vigoureuses. Les roches tendres, comme les grès, sont érodées plus vite que les roches dures, tels les granits. Mais une fois mises à nu, ces dernières finissent également, avec le temps, par être réduites en pièces. L'eau ou la glace emportent les débris rocheux, creusant sur leur passage de profondes vallées, gorges et canyons.

QUAND LA CHARGE SE DÉPOSE

Les débris rocheux sont emportés par les rivières et les glaciers. A mesure que leur cours ralentit, les rivières abandonnent d'abord les blocs les plus lourds, puis les pierres plus petites, le sable et, finalement, les particules de boue les plus fines. La glace en mouvement, quant à elle, entraîne les gros rochers ainsi que la boue aussi loin qu'elle peut aller, ne les déposant que lorsqu'elle fond. Les rochers déposés par la glace sont appelés des blocs erratiques. Celui-ci, situé dans le Yorkshire, au Royaume-Uni, a été déposé là il y a quelque 13 000 ans.

Antelope Canyon, dans l'Arizona, aux Etats-Unis

La roche a été érodée au cours des millénaires par des torrents chargés de particules sableuses lors de violents orages.

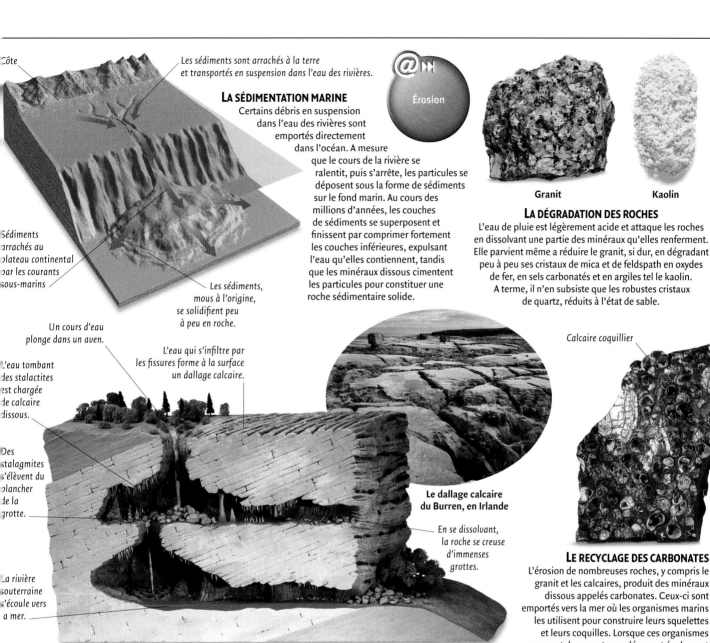

Côte

Les sédiments sont arrachés à la terre et transportés en suspension dans l'eau des rivières.

LA SÉDIMENTATION MARINE

Certains débris en suspension dans l'eau des rivières sont emportés directement dans l'océan. A mesure que le cours de la rivière se ralentit, puis s'arrête, les particules se déposent sous la forme de sédiments sur le fond marin. Au cours des millions d'années, les couches de sédiments se superposent et finissent par comprimer fortement les couches inférieures, expulsant l'eau qu'elles contiennent, tandis que les minéraux dissous cimentent les particules pour constituer une roche sédimentaire solide.

Sédiments arrachés au plateau continental par les courants sous-marins

Les sédiments, mous à l'origine, se solidifient peu à peu en roche.

Érosion

Granit

Kaolin

LA DÉGRADATION DES ROCHES

L'eau de pluie est légèrement acide et attaque les roches en dissolvant une partie des minéraux qu'elles renferment. Elle parvient même a réduire le granit, si dur, en dégradant peu à peu ses cristaux de mica et de feldspath en oxydes de fer, en sels carbonatés et en argiles tel le kaolin. A terme, il n'en subsiste que les robustes cristaux de quartz, réduits à l'état de sable.

Un cours d'eau plonge dans un aven.

L'eau qui s'infiltre par les fissures forme à la surface un dallage calcaire.

L'eau tombant des stalactites est chargée de calcaire dissous.

Des stalagmites s'élèvent du plancher de la grotte.

La rivière souterraine s'écoule vers la mer.

Le dallage calcaire du Burren, en Irlande

En se dissolvant, la roche se creuse d'immenses grottes.

Calcaire coquillier

LE RECYCLAGE DES CARBONATES

L'érosion de nombreuses roches, y compris le granit et les calcaires, produit des minéraux dissous appelés carbonates. Ceux-ci sont emportés vers la mer où les organismes marins les utilisent pour construire leurs squelettes et leurs coquilles. Lorsque ces organismes meurent, leurs restes se déposent également par sédimentation sur le fond marin et s'amassent en couches qui sont comprimées pour former des roches carbonatées comme les calcaires qui, souvent, contiennent des fragments visibles de coquilles.

DANS LE CALCAIRE SOLUBLE : LES FORMATIONS KARSTIQUES

Les roches calcaires jadis enfouies sous les mers remontent à la surface des terres au cours des millions d'années sous l'effet des bouleversements géologiques. Parce qu'elles sont facilement dissoutes par les eaux de pluie, elles donnent généralement naissance à des paysages tourmentés. La roche exposée en surface forme des dallages calcaires fissurés, et les fissures les plus profondes s'élargissent en réseaux de cavernes très complexes, l'ensemble formant un type de structure géologique appelé karst. Les rivières souterraines transportent les minéraux dissous vers les océans, où ils sont recyclés par la vie marine.

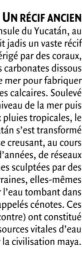

UN RÉCIF ANCIEN

La péninsule du Yucatán, au Mexique, était jadis un vaste récif sous-marin érigé par des coraux, qui utilisent les carbonates dissous dans l'eau de mer pour fabriquer leurs squelettes calcaires. Soulevé au-dessus du niveau de la mer puis exposé aux pluies tropicales, le calcaire du Yucatán s'est transformé en karst, se creusant, au cours de milliers d'années, de réseaux de cavernes sculptées par des rivières souterraines, elles-mêmes alimentées par l'eau tombant dans des gouffres appelés cénotes. Ces cénotes (ci-contre) ont constitué jadis des sources vitales d'eau douce pour la civilisation maya.

LES COURS D'EAU

L'eau qui ruisselle à la surface des terres émergées crée un réseau complexe de cours d'eau. Ceux-ci creusent à travers les montagnes de profondes vallées et emportent les débris rocheux vers les plaines. Au cours du temps, ce processus modifie radicalement l'aspect des paysages. Par son entremise, les cours d'eau emportent vers les plaines des nutriments qui contribuent à les rendre fertiles et en font des terres essentielles pour l'agriculture. En outre, les cours d'eau de plaine constituent d'importantes voies de communication mais ils font aussi souvent obstacle aux déplacements. C'est pourquoi les ports fluviaux et les ponts ont toujours eu une importance commerciale et stratégique, attirant les populations humaines et formant de grandes villes.

Cours d'eau

PAR LES SOURCES ET LES RUISSEAUX

En s'écoulant le long des pentes, la pluie forme d'abord des filets d'eau puis des ruisselets. Ceux-ci se rassemblent en ruisseaux qui se ménagent à la surface du sol des passages pour faire leur lit. Par endroits, l'eau qui s'est infiltrée dans les sols rencontre une couche imperméable qu'elle ne peut traverser et ressort à la surface sous l'aspect d'une source d'eau douce. La plupart des grands fleuves et rivières peuvent ainsi être remontés jusqu'à ces sources dont certaines sont identifiées comme sources d'un cours d'eau donné.

LA TERRE SCULPTÉE

Les torrents dévalant les montagnes charrient des particules rocheuses arrachées aux pentes qui abrasent les roches et creusent des vallées dans les versants des reliefs. Il s'agit de l'une des formes d'érosion les plus puissantes, capable, sur de longues périodes, de créer des réseaux de vallées dont les ramifications évoquent les branches d'un arbre, et d'araser les montagnes. Chaque ramification du réseau de vallées constitue un bassin de drainage.

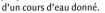

LE COURS D'UNE RIVIÈRE

Une rivière de montagne a un cours très rapide, marqué de cascades et de gorges profondes. Lorsqu'elle atteint des terrains plus plats, son flux ralentit et dépose une partie des sédiments arrachés aux reliefs, formant une large plaine inondable. Le cours d'eau serpente souvent à travers sa plaine inondable en une série de vastes méandres. Finalement, il se décharge de ses derniers sédiments en se jetant dans la mer à travers un estuaire ou un vaste delta bordé de plages boueuses.

Cours supérieur

Cascade

Cours moyen

DANS LES PLAINES FERTILES

De fortes pluies ou la fonte des neiges sur les reliefs peuvent provoquer des crues dans les rivières de plaine. Les eaux envahissent les terres bordant les cours d'eau, cessant de s'écouler et laissant aux particules en suspension le temps de se déposer. Ces dernières formeront un dépôt de limon qui, au cours des siècles, enrichira la terre pour la rendre très fertile. Si les crues sont contrôlées, les plaines inondables font d'excellentes terres agricoles.

La plaine inondable est recouverte par les eaux en cas de crue.

Un bras mort se forme lorsqu'un méandre est coupé du cours principal par les dépôts de sédiments.

Un delta est une large zone en éventail où les sédiments se déposent par bancs entre lesquels le cours d'eau forme plusieurs bras.

Cours inférieur

LA GESTION DES COURS D'EAU

Parce que les plaines inondables sont à la fois des terres arables et des sites d'implantation urbaine, beaucoup de moyens sont mis en œuvre pour le contrôle des crues. Il s'agit entre autres de digues pour contenir les eaux et de barrages visant à en contrôler le débit. Les rivières côtières peuvent aussi déborder lorsque le niveau marin monte trop. Au Royaume-Uni, la *Thames Barrier* (ci-contre) est un barrage qui protège la ville de Londres des marées anormalement hautes.

LE TRANSPORT FLUVIAL

Fleuves et rivières étaient jadis d'importantes voies de navigation sur lesquelles des embarcations comme ce bateau à vapeur du Mississippi véhiculaient des milliers de passagers chaque semaine. Les transports par la route et le rail, plus rapides, les ont aujourd'hui supplantées, mais les cours d'eau peuvent encore fournir un moyen de transport très économique, à défaut d'être très rapide, pour le fret de fort tonnage.

Cheminée de la machine à vapeur qui actionne la roue à aubes.

Une roue à aubes de poupe propulse le bateau.

Fond plat pour naviguer sur des rivières peu profondes

DES COURS D'EAU SUR MARS

Sur la planète Mars, la présence de vallées ramifiées prouve que de grandes rivières ont jadis coulé à sa surface. Cette image montre l'une de ces vallées avec un delta sédimentaire s'étalant au premier plan. Ces vallées sont aujourd'hui totalement asséchées et l'essentiel de l'eau présente sur la planète s'y trouve à l'état de glace. Mais il est possible que de l'eau liquide soit présente sous la surface du sol.

DES PASSAGES STRATÉGIQUES

Parce que l'on est contraint de les utiliser, les ponts sur les fleuves et les rivières sont le lieu d'implantation de cités au rôle commercial important. En cas de conflit, les armées d'invasion cherchent à s'emparer des ponts, qui sont donc lourdement défendus et souvent détruits. C'est exactement ce qu'il advint du pont de Mostar (ci-dessous), en Bosnie, soufflé durant la guerre de Bosnie en 1993. Il a, depuis, été reconstruit.

DES EAUX STAGNANTES

Les lacs d'altitude, tel le lac Tahoe (ci-dessus), aux Etats-Unis, ont des eaux froides et pures peu chargées en nutriments qui assurent la subsistance de la vie aquatique. Ils sont donc souvent d'un bleu-vert cristallin. A l'inverse, la plupart des lacs de plaine sont beaucoup plus chauds et plus riches en nutriments. Ils contiennent donc beaucoup de plancton qui rend l'eau plus trouble.

DE RICHES MILIEUX NATURELS

Lacs et marais constituent d'importants habitats pour les animaux, comme cette rousserolle effarvatte qui niche dans les roselières bordant les plans d'eau et qui nourrit ses jeunes des myriades d'insectes qui éclosent à la surface. Beaucoup de milieux humides ont été asséchés par l'homme et transformés en terres agricoles. Certains sont heureusement protégés et placés en réserves naturelles.

DES MILIEUX EN ÉVOLUTION

Les plans d'eau évoluent naturellement vers le comblement sous l'action de la colonisation végétale. Ainsi, au bord d'un lac, diverses espèces de graminées colonisent les hauts-fonds tandis que des vases fines s'accumulent à leur pied, réduisant la profondeur d'eau et transformant peu à peu les berges en marécages. Ultérieurement, des plantes ligneuses tolérant les sols détrempés, tels ces cyprès chauves en Louisiane, prennent racine et créent des boisements humides. Lorsqu'ils reçoivent de fortes pluies, ces derniers peuvent être colonisés par les sphaignes et évoluer en tourbières.

LES LACS ET LES MILIEUX MARÉCAGEUX

L'eau douce ne s'écoule pas toujours en rivières. Il lui arrive de s'accumuler dans des étangs, des lacs ou des marécages. La nature de ces milieux humides varie en fonction du climat, de la géologie locale et de la vie végétale et animale qu'ils accueillent. Il peut s'agir de tourbières froides infestées de moustiques comme dans les montagnes de l'hémisphère Nord et la toundra arctique, ou de lacs alcalins chauds comme dans la vallée du Rift, en Afrique, avec leurs spectaculaires colonies de flamands. Certains lacs sont de vraies mers d'eau douce, si vastes qu'ils s'étendent au-delà de l'horizon. À l'inverse, beaucoup de mares et de marécages sont temporaires, ne se remplissant qu'après de fortes pluies et s'asséchant en quelques semaines.

La peau et les traits du visage sont remarquablement préservés.

Les cordes révèlent comment l'homme est mort.

UNE TOURBIÈRE POUR SÉPULTURE

L'état de détrempage permanent qui règne dans les tourbières et les marais gêne l'activité des bactéries responsables de la décomposition. Ces milieux peuvent donc préserver des troncs d'arbres et nombre d'autres matériaux. Certaines tourbières de Scandinavie ont même conservé les restes de victimes sacrificielles telles que l'homme de Tollund, mort au IVe siècle av. J.-C. Celui-ci fut découvert au Danemark en 1950, une corde encore attachée autour du cou.

LA MOUSSE DES TOURBIÈRES

Des mousses spongieuses appelées sphaignes se développent souvent dans les milieux humides froids. A mesure qu'elles meurent, les conditions humides les empêchent de se décomposer, et leurs restes s'accumulent et se transforment en tourbe.

DANS LES LACS D'EAU SALÉE

Sous les climats chauds, il peut se former des lacs salés alimentés en eau mais dépourvus de toute évacuation. L'eau s'en échappe sous l'effet de la seule évaporation. Mais ce faisant, elle abandonne la totalité des sels dissous qu'elle contient. Toute l'eau qui s'est évaporée au cours du temps a fait s'élever la salinité de ces lacs jusqu'à des taux parfois dix fois supérieurs à ceux des océans. Ainsi, la mer Morte, au Moyen-Orient, est si fortement salée que l'on y flotte mieux que partout ailleurs : on peut même s'allonger comme dans un fauteuil pour lire son journal.

@ ►►
Lac

Roche saline
sculptée

LES ÉVAPORITES

Le sel abandonné par l'évaporation des lacs salés peut s'accumuler en couches épaisses appelées évaporites. Lorsque la surface du lac se réduit, ou que celui-ci disparaît totalement, le sel peut être récolté et vendu. D'anciennes évaporites ont été découvertes enfouies sous des roches de formation plus récente, et sont exploitées par une activité minière. Dans une mine polonaise, le sel a été utilisé comme matériau pour créer cette sculpture.

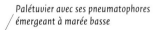

Palétuvier avec ses pneumatophores émergeant à marée basse

LES MANGROVES

Les zones littorales abritées ont souvent colonisées par des plantes halophiles, c'est-à-dire qui supportent le sel. Dans les régions tropicales, elles sont le règne de la mangrove, ne forêt côtière basse et dense ur des hauts-fonds balayés par les marées. Le sol vaseux y est pauvre en oxygène, donc hostile à la plupart des végétaux. Les palétuviers, arbres qui constituent les mangroves, possèdent des racines spéciales appelées pneumatophores, qui émergent du sol pour absorber l'oxygène de l'air.

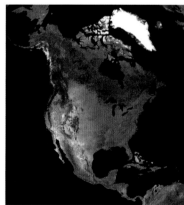

COMME DES MERS INTÉRIEURES

Certains lacs sont si vastes qu'ils pourraient aisément passer pour des mers intérieures. Ainsi, les Grands Lacs d'Amérique du Nord (proches du centre sur cette image satellite) constituent à eux cinq la plus vaste étendue continue d'eau douce du monde, renfermant quelque 24 620 km³ d'eau.

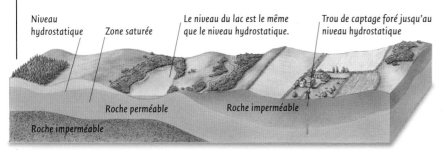

Niveau hydrostatique — Zone saturée — Le niveau du lac est le même que le niveau hydrostatique. — Trou de captage foré jusqu'au niveau hydrostatique

Roche perméable — Roche imperméable

Roche imperméable

LE NIVEAU HYDROSTATIQUE

L'eau qui s'infiltre à travers la terre, le sable et de nombreuses roches finit par atteindre une couche de roche imperméable telle que le granit. Ne pouvant descendre plus bas, elle s'accumule et sature les couches situées au-dessus. La limite supérieure de cette couche saturée est appelée niveau hydrostatique.

LE PRÉCIEUX LIQUIDE

Lorsque l'on creuse un trou assez profond pour atteindre le niveau hydrostatique, le fond se remplit d'eau pour former un puits. Le niveau d'eau dans le puits correspond au niveau hydrostatique local. Ce puits âgé de 150 ans à Bhopal, en Inde, s'est révélé vital durant la sécheresse de 2003, alors que la plupart des autres sources d'eau de la ville s'étaient asséchées.

Lande sur sol infertile

La couche supérieure, lessivée de ses minéraux, forme un podzol.

Certains minéraux accumulés en profondeur forment une couche sombre.

Les couches profondes sont riches en minéraux.

LES SOLS ET LA PERCOLATION

L'eau s'infiltre et traverse – on dit qu'elle percole – plus vite un sol sableux ou caillouteux qu'un sol argileux à grains fins. En percolant ce type de sols, l'eau entraîne avec elle les minéraux alcalins solubles, acidifiant les couches supérieures et les rendant infertiles. A terme, seules certaines plantes parviennent à survivre dans ces conditions, constituant souvent un type de formation végétale distincte : les landes à bruyères.

L'EAU SOUTERRAINE

Une part importante de l'eau de pluie s'infiltre dans le sol. Une partie s'écoule alors en suivant les pentes et émerge plus bas pour rejoindre les cours d'eau de surface. L'autre partie continue sa descente à travers les roches perméables. Cette eau souterraine, invisible, constitue une ressource précieuse, car elle s'écoule vers la mer beaucoup plus lentement que l'eau de surface. Par ailleurs, seule sa partie la plus proche de la surface du sol s'évapore dans l'air. De sorte que l'eau souterraine constitue une réserve toujours disponible, même durant les saisons sèches, pour peu que l'on creuse assez profond... et cela même dans les déserts, où elle est parfois enfouie depuis des milliers d'années.

DES NIVEAUX FLUCTUANTS

Durant les saisons humides, le niveau hydrostatique peut se trouver très près de la surface du sol, saturant la terre au point, parfois, de créer des marécages. Pendant les longues sécheresses, à l'inverse, il peut descendre si bas dans le sous-sol que même des grands lacs peuvent s'assécher. Mais le sol parvient toujours à retenir un peu d'eau, en particulier s'il renferme beaucoup d'argile. Cette dernière, en effet, est toujours composée de 17 % d'eau au moins, même complètement craquelée et desséchée.

LES AQUIFÈRES

Les couches de roches perméables qui contiennent l'eau souterraine sont appelées des aquifères. Dans un aquifère, l'eau s'écoule vers le bas de la pente du terrain, de sorte que le maintien de la hauteur du niveau hydrostatique dans la roche dépend du renouvellement de l'eau qui y pénètre. Si un aquifère est surmonté d'une couche de roche imperméable, l'eau peut s'y trouver sous pression à cause de la poussée de l'eau de renouvellement. Dans ce cas, si elle trouve une fissure dans la roche de couverture, l'eau s'y engouffrera sous l'effet de la pression et remontera jusqu'au niveau du sol où elle formera un puits artésien.

L'eau de pluie s'infiltre dans les roches exposées.

Roche imperméable

Roche imperméable

Les roches perméables forment les aquifères.

Les failles permettent à l'eau de remonter vers la surface, créant des puits artésiens.

Roche perméable saturée d'eau

L'EAU FOSSILE

Certains réservoirs naturels d'eau souterraine se sont formés il y a très longtemps et se sont retrouvés surmontés par des roches imperméables. Cette eau fossile peut être amenée à s'échapper vers la surface à travers une faille (ci-dessus) ou bien lorsque l'érosion finit par user la roche de couverture. Dans le désert, ce phénomène peut entraîner la formation d'oasis (ci-dessous). Dans certaines oasis, l'eau peut être âgée de 20 000 ans. L'un des plus grands réservoirs d'eau du désert s'étend sous le Sahara oriental, renfermant un volume d'eau estimé à 150 000 km³.

LES SOURCES

Si une couche imperméable rejoint la surface du sol au niveau d'un affleurement sur un coteau, toute l'eau souterraine située au-dessus de cette couche ressort du sol, formant une source. L'eau surgit souvent du sol par des rangées de sources délimitant le sommet de la couche imperméable, que l'on nomme des lignes de sources. L'eau qui en jaillit est généralement très claire car elle a été filtrée par les couches de sol dominant la couche imperméable. Et si elle renferme des minéraux dissous provenant des roches, elle est considérée comme une eau minérale de qualité.

LES VEINES HYDROTHERMALES

Dans les grandes profondeurs de la Terre, l'eau échauffée au contact des roches chaudes dissout les minéraux. Lorsqu'elle remonte par des fissures dans la roche, elle se refroidit et les minéraux se cristallisent dans les fissures, formant des veines hydrothermales. La plupart de ces veines sont constituées de minéraux communs comme le quartz, mais certaines renferment des métaux précieux qui sont exploités dans des mines.

LES VILLES D'EAUX

L'eau minérale chauffée par le volcanisme peut émerger à la surface. Souvent, elle est encore chaude et forme alors une source thermale. De telles eaux minérales sont considérées comme bénéfiques pour la santé. Jadis, aller « prendre les eaux » constituait une thérapie populaire dans les villes thermales telles que Vichy.

LOUIS AGASSIZ
En 1837, le zoologiste suisse Louis Agassiz (1807-1873) avança l'idée que la Terre avait connu, dans le passé, des âges glaciaires. Il parvint à cette conclusion après avoir constaté que bon nombre de structures géologiques en Europe du Nord résultaient de la force érosive de glaciers géants et de l'action de la gélifraction.

L'EAU À L'ÉTAT DE GLACE

Dans les régions polaires et les hautes montagnes, où la température est très basse, la majeure partie de l'eau présente dans l'environnement s'y trouve à l'état de glace, soit, sur la terre ferme, sous la forme de glaciers ou de calotte polaire, soit, sur l'océan, à l'état de banquise flottante et d'icebergs. Le paysage est alors généralement recouvert d'une épaisse couche de neige, qui peut tenir de nombreuses années sous les climats les plus froids. La possibilité que cette glace de montagne et de mer fonde constitue l'un des principaux risques associés au réchauffement climatique parce qu'elle provoquerait une montée parfois catastrophique du niveau des océans.

Calotte de glace s'écoulant de l'Antarctique

Iceberg en formation

MERS ET LACS GELÉS
La glace, sur les mers polaires et les lacs en hiver, se forme sous l'action de l'air froid à la surface de l'eau. Sur les océans, le processus de gel passe par diverses étapes, au cours desquelles la glace peut prendre l'aspect d'une soupe de glace, de minces plaques arrondies comme ci-dessus, et d'un épais pack gelé. Sur les lacs et les étangs, où les mouvements de l'eau sont de moindre ampleur, la couche de glace est généralement plane, uniforme et continue.

GLACIERS, CALOTTES ET BANQUISES
En haute montagne, la glace se forme à partir de neige qui tombe dans des conditions de froid telles qu'elle ne fond jamais. A mesure que la neige s'accumule en surface, son poids comprime la couche en dessous, expulse l'air contenu dans les flocons et les soude les uns aux autres en une glace solide. Cette glace tend à glisser très lentement vers le bas des pentes sous la forme de glaciers, comme celui ci-contre qui s'écoule d'une île de l'Arctique dans une mer gelée. C'est une glace de formation similaire qui, dans les régions polaires, constitue les vastes calottes telles celles qui recouvrent le Groenland et l'Antarctique. Lorsque la couche de glace s'étend sur la mer, elle est appelée banquise.

Les icebergs flottent, l'essentiel de leur masse se trouvant sous l'eau.

DES CAROTTES DE GLACE

Les épaisses calottes de glace s'accumulent dans les régions où les températures sont en permanence en dessous de 0 °C, si bien que les flocons compactés qui les constituent peuvent dater de plusieurs milliers d'années. La glace renferme des poches d'air et des grains de pollen et de poussière datant de l'époque où elle s'est formée. Les scientifiques extraient donc des calottes glaciaires des colonnes, appelées carottes, et analysent l'air et les particules qu'elles renferment. Elles leur fournissent des indications inestimables sur les climats du passé. La glace la plus ancienne découverte à ce jour remonte à environ 650 000 ans.

Pour extraire des carottes, on utilise des têtes de forage creuses.

@▸▸ Glace

Peau préservée par la glace

LE PERMAFROST

Dans la toundra arctique, l'eau qui s'infiltre dans le sol se solidifie en glace. Elle peut fondre dans sa partie supérieure, près de la surface, durant l'été, mais les niveaux inférieurs restent gelés. Cette couche de terre glacée, appelée permafrost, empêche l'eau de s'infiltrer, de sorte que les eaux de fonte estivales restent en surface, formant de vastes zones marécageuses. Le permafrost renferme les restes congelés d'animaux éteints, tel ce bébé mammouth dont le cadavre âgé de 40 000 ans a été retrouvé en Sibérie en 1977.

Même les gros navires de recherche peuvent sembler minuscules à côté des icebergs.

Les icebergs comportent une portion de la surface plane de la calotte dont ils se sont détachés.

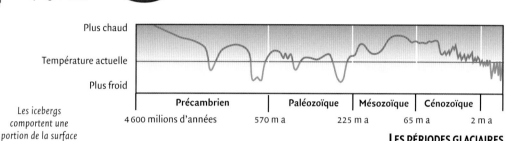

Plus chaud

Température actuelle

Plus froid

| Précambrien | Paléozoïque | Mésozoïque | Cénozoïque |

4 600 milions d'années   570 m a   225 m a   65 m a   2 m a

LES PÉRIODES GLACIAIRES

Les géologues divisent la longue histoire de la Terre en différentes ères ayant duré des millions d'années. Certaines de ces ères ont connu des épisodes pendant lesquels la majeure partie de la planète était recouverte de vastes calottes glaciaires : on les appelle périodes glaciaires, ou glaciations. Ces dernières ont connu chacune des phases très froides et d'autres de réchauffement, dites interglaciaires. Nous vivons actuellement dans une phase interglaciaire d'une glaciation qui a commencé il y a environ 2 millions d'années.

OCÉAN ARCTIQUE

Cercle arctique

ASIE   Détroit de Béring   **AMÉRIQUE DU NORD**

Mer de Béring

OCÉAN PACIFIQUE

LA GLACE ET LE NIVEAU MARIN

Au cours du dernier âge glaciaire, la quantité d'eau bloquée sous forme de glace était telle que le niveau marin était inférieur de 100 m au niveau actuel. Les mers peu profondes d'aujourd'hui, comme dans le détroit de Béring, entre l'Asie et l'Amérique du Nord, étaient alors de la terre ferme (en brun clair sur la carte ci-dessus). Le niveau remonta lorsque la glace fondit il y a quelque 10 000 ans. Mais sous l'effet du réchauffement global, une nouvelle fonte risque de le faire monter encore.

LES EXPLORATIONS POLAIRES

Les paysages recouverts de glace sont quasiment inanimés car la plupart des formes de vie ne peuvent se maintenir dans un environnement où aucune eau liquide ne subsiste. Les animaux à sang chaud, parmi lesquels l'homme, parviennent à y survivre mais avec grande difficulté. L'exploration polaire est donc une activité dangereuse dans laquelle nombre de pionniers ont trouvé la mort.

LES ICEBERGS

À l'endroit où les glaciers et les calottes glaciaires entrent en contact avec la mer, d'immenses pans de glace s'en détachent et partent à la dérive, constituant des icebergs. Ces derniers ne sont donc pas de la glace de mer mais de la glace de glacier composée de neige comprimée. Ils flottent avec environ 90 % de leur masse sous l'eau, de sorte qu'ils sont toujours beaucoup plus gros qu'ils n'apparaissent. Certains des icebergs qui se détachent de la calotte antarctique forment d'immenses îles flottantes qui peuvent dériver pendant des dizaines d'années avant de fondre totalement dans l'océan.

Traîneau d'expédition polaire des années 1930, chargé de vivres et de matériel

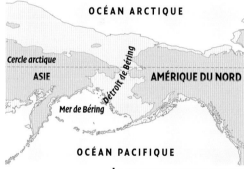

L'EAU, SOURCE DE VIE

La vie est totalement dépendante de l'eau en raison des pouvoirs solvants (p. 12-13) de cette dernière. En effet, en dissolvant de nombreuses substances, l'eau leur permet de se mélanger et de réagir chimiquement entre elles pour créer les molécules complexes du vivant. En outre, une fois en solution, elle offre à des éléments comme les nutriments, les gaz respiratoires ou les déchets du métabolisme, un excellent moyen de circuler à travers l'organisme et entre celui-ci et le milieu externe. Il n'est donc pas surprenant que toutes les formes de vie terrestres soient composées presque entièrement d'eau. Elles doivent maintenir en permanence dans leur organisme une quantité minimale du précieux liquide pour assurer leurs processus vitaux. D'ailleurs, la grande majorité des espèces vivantes vivent dans l'eau et il est très vraisemblable que ce soit là que la vie elle-même soit née.

DES ÊTRES UNICELLULAIRES

Les formes de vie les plus simples sont composées d'une unique cellule microscopique remplie de fluide aqueux, telle cette algue verte de la famille des desmidiées. Ces organismes unicellulaires utilisent des substances chimiques dissoutes dans l'eau pour fabriquer leurs protéines. Ces dernières constituent une partie de la structure de la cellule et lui permettent de se reproduire.

LA PHOTOSYNTHÈSE

Les végétaux utilisent le rayonnement solaire pour fabriquer leurs propres éléments nourriciers à partir de l'air et de l'eau : un processus appelé photosynthèse. La chlorophylle, composé chimique de couleur verte que renferment les feuilles, absorbe l'énergie lumineuse pour séparer l'eau en hydrogène et en oxygène. L'hydrogène est ensuite combiné avec du dioxyde de carbone prélevé dans l'air pour fabriquer du glucose, un sucre assimilable par l'organisme végétal.

Les plantes fabriquent des sucres et des protéines qui sont consommés par la chenille.

Les aliments ingérés sont dégradés lors de la digestion ; ainsi l'animal absorbe les sucres et autres nutriments produits par les plantes.

PRODUCTEURS ET CONSOMMATEURS

Les végétaux sont des producteurs de matière vivante tandis que les animaux ne savent que la consommer. Ces derniers se nourrissent soit directement des végétaux producteurs, soit indirectement en dévorant d'autres animaux consommateurs. Ils dégradent les glucides, protéines et autres substances complexes qu'ils absorbent et en recombinent les ingrédients chimiques avec de l'eau pour fabriquer leurs propres tissus.

Des enchevêtrements de bactéries microscopiques prospèrent dans ces eaux chaudes, chimiquement riches.

AUX ORIGINES DE LA VIE

La Terre a dû ressembler à cela il y a 3,5 milliards d'années. A cette époque, les cyanobactéries, qui furent parmi les premiers organismes à effectuer la photosynthèse, commencèrent à édifier dans les mers ces structures en colonnes appelées stromatolites. Les toutes premières formes de vie étaient encore plus simples. Elles sont probablement apparues à la suite de réactions chimiques dans des lagunes d'eau chaude il y a quelque 3,8 milliards d'années.

**Eau d'un étang vue
au microscope**

LA VIE DANS L'EAU

L'eau est le principal composant de tous
les organismes vivants, qui ne pourraient
survivre sans elle. Mais elle constitue aussi
l'habitat même dans lequel une majorité
d'entre eux vivent. Une unique goutte
de l'eau d'un étang renferme souvent des
centaines d'organismes microsopiques
comme les euglènes, les desmidiées
et les diatomés que l'on voit ci-contre. Ils
y forment une petite communauté vivante
alimentée par l'air, l'eau et la lumière.

LE BERCEAU DE LA VIE

La plupart des formes de vie dépendent soit des eaux
marines, soit des eaux douces terrestres. Mais certaines
bactéries, qui sont les organismes vivants les plus simples,
vivent dans des milieux extrêmes comme cette source chaude
à Yellowstone, aux Etats-Unis, dans lesquels l'eau acide peut
atteindre 80 °C. Ces bactéries étant très similaires aux fossiles
des plus anciennes formes de vie connues, il est possible que
la vie soit née dans des sources chaudes similaires à celle-ci.

VIVRE AU SEIN DES EAUX

L'eau étant essentielle à la vie, elle constitue un milieu idéal pour de nombreux organismes, notamment les plus simples qui absorbent les nutriments dissous et les gaz à travers leurs membranes. Mais bien d'autres raisons en font un milieu favorable. À l'état liquide, l'eau n'est jamais très froide et rarement très chaude. Elle permet à de nombreux animaux de prospérer sans avoir à se déplacer parce que, contrairement à l'air, elle emporte à la dérive des éléments nourriciers faciles à capturer. Elle supporte le poids des animaux, qui n'ont donc pas besoin de développer des squelettes trop robustes. Il n'est donc pas surprenant que les plus grandes diversités vivantes se rencontrent dans les océans, les lacs, les marais et les rivières.

LES VÉGÉTAUX AQUATIQUES

L'eau est essentielle pour les plantes, qui l'utilisent pour fabriquer leur nourriture. Certaines, comme les nymphéas ci-dessus, se sont adaptées pour vivre sur ou sous l'eau des rivières, lacs et étangs, où elles ne risquent jamais l'assèchement. Leurs racines spécialisées captent l'oxygène dissous dans l'eau. Tous les végétaux, en effet, ont besoin d'oxygène pour extraire l'énergie de leur nourriture.

MICROSCOPIQUE PLANCTON

Les plus petits organismes aquatiques sont des bactéries et des algues microscopiques, telles ces diatomées. Elles dérivent dans les eaux bien éclairées, constituant le phytoplancton et fabriquant leur propre nourriture par photosynthèse, comme les plantes vertes. Elles sont consommées par de petits animaux qui dérivent avec elles et qui forment le zooplancton. Et tous sont consommés par des animaux plus gros qui se nourrissent de plancton, tels certains insectes d'eau douce et les poissons. Le plancton est donc à la base de toutes les chaînes alimentaires aquatiques.

DES BROUTEURS RAMPANTS

Beaucoup d'animaux marins comme les escargots, les crabes, les étoiles de mer et ce nudibranche remarquablement camouflé mènent une vie rampante sur le fond de la mer, les algues et les récifs coralliens. Ils se nourrissent en broutant les algues ou les animaux fixés qui ne peuvent s'échapper, ou bien en consommant des restes d'animaux morts.

UN PIED POUR SE FIXER

Bon nombre d'animaux aquatiques, comme cette anémone de mer, se fixent sur les rochers et laissent le soin à l'eau de mer d'apporter vers eux les particules nourricières. La plupart de ces animaux vivent à l'état de plancton quand ils sont jeunes, dérivant dans les eaux et ne se fixant que quand ils se transforment en adultes.

DES RÉCIFS DÉBORDANT DE VIE

Les mers tropicales cristallines contiennent très peu de plancton (p. 18). Les coraux tropicaux doivent donc compléter leur alimentation en s'alliant avec des organismes bactériens microscopiques. Ces bactéries vivent dans le corail même et fabriquent des glucides à partir de l'eau et de l'oxygène. Elles en transmettent une partie aux coraux en échange de nutriments servant à la fabrication des protéines. Ainsi, les glucides donnent aux coraux l'énergie nécessaire à l'édification de leurs récifs.

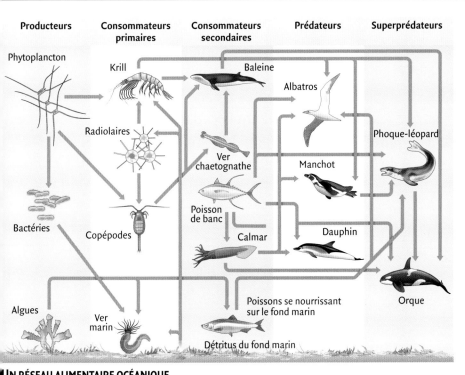

Producteurs	Consommateurs primaires	Consommateurs secondaires	Prédateurs	Superprédateurs

Phytoplancton

Krill

Baleine

Albatros

Radiolaires

Phoque-léopard

Ver chaetognathe

Manchot

Bactéries

Copépodes

Poisson de banc

Calmar

Dauphin

Algues

Ver marin

Orque

Poissons se nourrissant sur le fond marin

Détritus du fond marin

UN RÉSEAU ALIMENTAIRE OCÉANIQUE

Dans l'océan, les producteurs sont mangés par les consommateurs primaires tels que les copépodes. Ceux-ci sont mangés à leur tour par des consommateurs secondaires comme les calmars, eux-mêmes chassés par des prédateurs comme les dauphins. Ces derniers peuvent enfin devenir la proie des superprédateurs comme les orques. Dans la réalité, les choses sont toutefois beaucoup plus compliquées que cela parce que la plupart des animaux sont aussi amenés à consommer des créatures appartenant à d'autres niveaux du système. C'est pourquoi, plutôt que de simples chaînes alimentaires, les animaux de l'océan font partie de réseaux alimentaires très complexes.

LA BONNE SALINITÉ

La plupart des animaux aquatiques vivent soit dans l'eau douce, soit dans l'eau salée. S'ils pénètrent dans la mauvaise eau, leurs fluides corporels tendent soit à perdre, soit à absorber de l'eau jusqu'à ce que leur degré de salinité s'équilibre avec celui du milieu. Ils se mettent donc soit à gonfler, soit à se dessécher, mais finissent toujours par mourir. Seules quelques espèces comme les saumons ou les anguilles, qui migrent entre les rivières et le milieu marin, ont un organisme adapté aux variations de salinité.

Des branchies plumeuses captent l'oxygène dissous dans l'eau.

COMMENT RESPIRER DANS L'EAU

La plupart des animaux aquatiques tirent l'oxygène dont ils ont besoin pour respirer de l'eau et non de l'air. Comme cette larve de triton, ils sont équipés, au lieu de poumons, de branchies plumeuses. La peau extrêmement fine de ces branchies laisse passer les gaz contenus dans l'eau qui les baigne. Ceux-ci sont échangés directement entre l'organisme de l'animal et le milieu externe. L'oxygène de l'eau passe dans le sang de l'animal, et le dioxyde de carbone, résidu de sa respiration, est rejeté dans l'eau de la même manière, mais en sens inverse. Certains animaux marins comme les coraux et les anémones n'ont même pas besoin de branchies car les gaz traversent directement la peau très fine enveloppant leur corps.

PROFILÉS POUR LA NAGE

L'eau de mer apporte aux animaux qui la peuplent un support physique permanent. Presque aussi dense que leur propre corps, elle leur permet de flotter entre deux eaux en dépensant un minimum d'énergie. Mais la densité élevée de l'eau a un revers : elle s'oppose assez fortement au mouvement. C'est pourquoi disposer d'un profil hydrodynamique est essentiel pour les animaux qui veulent s'y déplacer rapidement. Les prédateurs très vifs comme ce requin bleu peuvent dépasser 40 km/h.

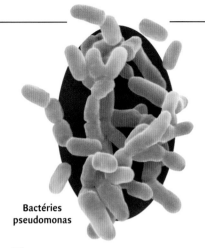

**Bactéries
pseudomonas**

RÉSISTANTS MICROBES

Des organismes unicellulaires microscopiques comme ces bactéries ne peuvent fonctionner que s'ils sont imprégnés d'eau. Sur la terre ferme, il leur faut donc des milieux humides. Certains, toutefois, sont capables de survivre au dessèchement. Ils entrent alors en dormance, pouvant rester inactifs plusieurs mois pour revivre et se multiplier dès le retour de l'humidité.

LES PLANTES ET L'EAU

Les premiers organismes à prendre pied sur la terre ferme étaient des bactéries, algues et champignons microscopiques qui ne survivaient que sur des sols en permanence gorgés d'eau. Plus tard, des végétaux simples tels que les mousses, acquirent la capacité de stocker l'eau, mais ils restaient confinés aux habitats humides et ne pouvaient s'élever très haut au-dessus de la source d'humidité. La solution vint avec l'apparition des plantes vasculaires, dont les vaisseaux permettaient d'emporter loin du sol l'eau pompée à travers les racines, vers les tiges, les branches et les feuilles. Ainsi, les plantes purent grandir. En développant des moyens de plus en plus efficaces pour supporter la sécheresse, elles colonisèrent la plupart des terres.

Hépathique

Le chapeau ouvert se flétrit après avoir émis ses spores.

Le chapeau fermé renferme les spores reproductrices.

LES CHAMPIGNONS

Les champignons sont très différents des végétaux, dont ils ne font pas partie. Ils réclament beaucoup d'eau, formant, dans les sols et les bois morts qui leur servent de support ,d'extensifs réseaux de filaments constituant le mycélium. Ce dernier est le corps proprement dit du champignon. Les structures qui apparaissent temporairement à la surface sont les fructifications du champignon dont la fonction est exclusivement reproductrice.

**Amanite
tue-mouches**

DES COUSSINS DE VERDURE

Les mousses et les hépatiques furent les premières plantes vertes à coloniser la terre ferme il y a quelque 470 millions d'années. La plupart sont des végétaux ras qui absorbent l'eau à travers toute leur surface, formant souvent des coussins spongieux compacts qui s'imbibent après chaque averse. Elles peuvent survivre à des périodes sèches, mais elles ont besoin d'eau pour pousser et se reproduire.

La parmélie des murailles, un lichen jaune, est capable de pousser sur la roche nue.

Sous le sol se dissimule le mycélium du champignon, qui capte l'eau et peut être très étendu.

LES LICHENS

Les champignons absorbent très efficacement l'eau et les minéraux dissous. Certains ont développé un type de partenariat appelé symbiose avec des algues microscopique capables, pourvu qu'elles disposent d'eau en suffisance, de fabriquer de la nourriture par photosynthèse. Les résultats de ces associations sont appelés lichens. Ces végétaux sont capables de survivre à peu près partout, même sur de la roche nue, restant en dormance pendant les périodes sèches et poussant lentement lorsqu'ils disposent d'humidité.

Les frondes des fougères renferment aussi des vaisseaux.

POUR POMPER L'EAU

Il y a environ 400 millions d'années, les fougères développèrent des réseaux de vaisseaux capables de véhiculer l'eau à travers les tiges vers les feuilles, où elle est employée à la fabrication du glucose dont la plante se nourrit. Ces vaisseaux, visibles sur la section de tige ci-dessous, permirent aux fougères de se développer bien au-dessus du sol sur de hautes tiges, et donnèrent les premiers arbres il y a 300 millions d'années.

Le cortex contribue au soutien des tiges.

Les vaisseaux, réunis en faisceaux, transportent l'eau et la sève sucrée.

Fougère aigle

Section d'une tige de fougère

COMBUSTIBLE FOSSILE

Il y a plus de 200 millions d'années, des forêts de fougères arborescentes prospérèrent sur les sols marécageux. Lorsqu'elles tombaient à leur mort, le milieu humide les empêchait de se décomposer. Elles s'empilèrent en épaisses couches qui, au cours du temps, se transformèrent en charbon. Extrait dans les mines (ci-contre), le charbon a fourni l'énergie qui permit la révolution industrielle au XIXe siècle. De nos jours encore, beaucoup de centrales électriques fonctionnent au charbon.

LE MÉCANISME DE L'ABSORPTION DE L'EAU

Les arbres et les autres végétaux supérieurs sont dotés de réseaux vasculaires très semblables à ceux des fougères. Ils fonctionnent par effet de transpiration. Lorsque le Soleil chauffe leur feuillage, l'eau contenue dans les feuilles se transforme en vapeur et sort de la plante pour s'échapper dans l'atmosphère. L'eau évaporée est remplacée par celle contenue dans la tige à laquelle la feuille est rattachée. De proche en proche, en passant par les branches et le tronc, le déficit en eau parvient jusqu'aux racines qui, en dernier recours, puisent dans le sol le précieux liquide. L'eau peut ainsi remonter très haut, jusqu'à plus de 100 m chez les séquoias comme ceux-ci.

Rose de Jéricho desséchée

@ ▸▸
Champignon

Rose de Jéricho après la pluie

POUR SURVIVRE À LA SÉCHERESSE

'eau est vitale pour les plantes, mais beaucoup ont capables de survivre à d'assez longues ériodes de sécheresse. Certaines, comme les actus et autres plantes succulentes, stockent de 'eau dans leurs tiges et leurs feuilles. D'autres ont capables de se dessécher et de revivre omme par miracle lorsque revient la pluie. insi, la rose de Jéricho, une sélaginelle des éserts américains, est une plante vasculaire spores, capable de survivre des mois ans apport d'eau.

DE L'EAU À LA TERRE

Les premiers animaux qui s'aventurèrent sur la terre ferme étaient, à l'origine, des espèces aquatiques qui avaient acquis la capacité d'absorber l'oxygène de l'air à travers leur peau humide. Pour y parvenir et éviter de se dessécher, ils étaient contraints de rester dans des endroits très humides tels que les bords des lagunes et des zones marécageuses. Beaucoup de représentants de la faune du sol, comme ces vers de terre, vivent encore aujourd'hui presque dans les mêmes conditions.

LA SURVIE EN MILIEU SEC

Les animaux ont commencé à coloniser les terres il y a environ 420 millions d'années. Il s'agissait de créatures ressemblant aux actuels cloportes, qui perdaient facilement leur humidité interne parce que la cuticule qui constituait leur squelette externe n'était pas imperméable. De ce fait, ils étaient confinés aux milieux humides où leur organisme ne pouvait se dessécher. Les premiers vertébrés terrestres – dotés d'un squelette interne – qui vinrent les rejoindre étaient des amphibiens et connurent les mêmes problèmes. Leur reproduction s'effectuait dans l'eau, comme chez les amphibiens actuels. Puis, avec le temps, apparurent les insectes et les reptiles qui avaient développé une cuticule et une peau imperméables et les moyens de se reproduire loin de l'eau.

POUR CONSERVER LE TAUX D'HUMIDITÉ

Les premiers reptiles évoluèrent à partir des amphibiens (voir à gauche) il y a environ 340 millions d'années. Ces animaux pouvaient désormais vivre dans des habitats inaccessibles à leurs prédécesseurs dépendants de l'eau parce qu'ils avaient acquis une peau écailleuse totalement imperméable. Celle-ci retenait à l'intérieur de leur organisme l'humidité dont il avait besoin pour vivre. La coquille de leurs œufs était elle aussi imperméable et, en maintenant enfermés les fluides vitaux pour les embryons, elle leur permettait de s'affranchir du milieu aquatique pour leur reproduction également.

Fluide interne de l'œuf

Œuf de serpen ratier en train d'éclore

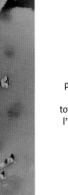

ENTRE TERRE ET EAU

Les amphibiens ont évolué à partir des poissons et furent les premiers animaux vertébrés à prendre pied sur la terre ferme il y a quelque 400 millions d'années. Bien qu'ils soient capables de respirer dans l'air et de vivre à terre, ils retournent dans l'eau pour se reproduire. Chez bon nombre d'entre eux, la femelle pond ses œufs dans l'eau et le mâle les féconde ensuite en les arrosant de son sperme. Les jeunes naissent à l'état de larves aquatiques appelées têtards, dotées de branchies qui se résorbent dans les derniers stades de leur croissance. Les têtards doivent rester dans l'eau pour ne pas se dessécher et mourir. Ce petit dendrobate de la forêt tropicale a déposé ses œufs dans une flaque contenue au fond d'une broméliacée. Les amphibiens ne boivent jamais ; ils absorbent l'humidité dont ils ont besoin à travers leur peau.

BOIRE POUR SURVIVRE

Les animaux aquatiques obtiennent toute l'eau dont ils ont besoin dans leur nourriture, ou bien l'absorbent à travers leur peau. Certains petits animaux terrestres peuvent survivre de la même façon, mais les autres doivent trouver à boire. Sous les climats chauds et secs, comme dans les savanes africaines, où l'eau est rare, les animaux perdent vite de l'eau par transpiration. Les grands animaux, comme les zèbres, parcourent de longues distances chaque jour pour aller boire à des points d'eau dispersés, sans quoi le manque d'eau dans leur organisme ne leur permettrait plus de maintenir leurs processus vitaux.

POUR ÉCHAPPER À LA SÉCHERESSE
Contrairement aux plantes, les animaux sont capables d'éviter les sécheresses en se déplaçant vers des secteurs où l'herbe reste verte. Certains passent le plus clair de leur temps en déplacements, tels ces gnous qui traversent les plaines desséchées d'Afrique de l'Est. D'autres s'enfouissent dans le sol, comme les crapauds du désert qui s'enterrent dans une enveloppe imperméable jusqu'au retour de la pluie.

LES VAISSEAUX DU DÉSERT
Les chameaux et dromadaires peuvent voyager pendant des jours sans boire parce qu'ils ne commencent à transpirer (p. 49) que bien au-delà de la température interne ordinaire de 37 °C de l'organisme humain. Cette adaptation a été exploitée de tout temps par les commerçants du Sahara et d'Asie centrale, qui utilisent les camélidés au lieu de chevaux pour transporter leurs marchandises. Cette illustration tirée d'une carte médiévale représente la caravane de l'explorateur Marco Polo en chemin vers la Chine sur la route de la Soie, au XIIIᵉ siècle.

Des antennes sensibles peuvent détecter l'eau.

De longues ailes assurent la mobilité de ces insectes.

MESURES D'EXCEPTION POUR MILIEUX EXTRÊMES
La plupart des petits animaux du désert restent dans des terriers toute la journée pour échapper à la chaleur brûlante, n'émergeant que la nuit durant laquelle ils risquent moins de se dessécher. Dans le désert du Namib, en Afrique du Sud-Ouest, certains petits coléoptères ténébrions attendent que la vapeur d'eau contenue dans l'air frais du soir se condense sur leur cuticule sous forme de gouttelettes de rosée. Ils soulèvent alors l'arrière de leur corps pour faire couler les gouttes vers leur bouche et les absorber.

Les gouttes de rosée sont constituées d'eau pure.

@▶ **Désert**

DES CYCLES LIÉS À L'EAU
Bon nombre d'insectes du désert ont des cycles de vie courts et rapides, déclenchés par les rares pluies d'orages. Ils éclosent, se nourrissent et grandissent, s'accouplent et pondent leurs œufs en l'espace des quelques semaines où le désert reste vert. Les œufs entrent ensuite en dormance jusqu'à la prochaine pluie. Beaucoup de criquets vivent ainsi, mais certaines espèces, dans des conditions particulières, peuvent se mettre à pulluler et former d'immenses essaims destructeurs de récoltes. Le déclenchement de ces pullulations est un phénomène complexe dans lequel l'abondance des pluies joue un rôle indirect en influant sur la disponibilité de la nourriture.

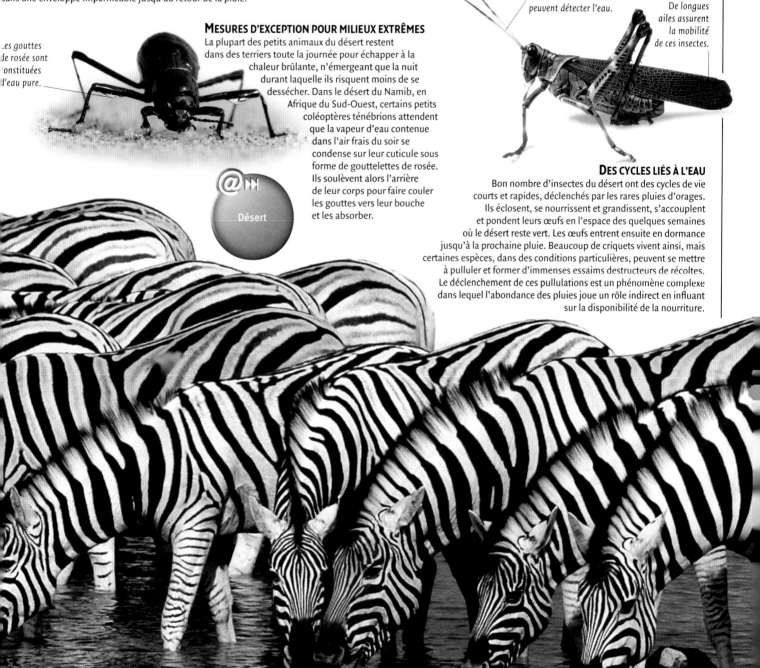

L'EAU DANS L'ORGANISME

Principal constituant des cellules vivantes, l'eau entre au moins pour moitié dans le poids de l'organisme humain. Elle intervient dans toutes les fonctions vitales, nombre d'entre elles étant liées à une déperdition régulée de cette eau corporelle. Mais toute l'eau perdue doit être remplacée sans tarder en buvant et mangeant régulièrement. Car la perte de seulement 10 % de notre teneur en eau suffit à nous rendre sérieusement malades. Privé d'eau trop longtemps, on meurt de soif.

LES CELLULES DU SANG ET LE PLASMA

Le réseau sanguin est le principal système circulatoire de l'organisme. Il apporte aux tissus oxygène, éléments nourriciers et autres substances essentielles, et les débarrasse de leur dioxyde de carbone et autres déchets du métabolisme. Certaines de ces substances sont véhiculées par les globules rouges. D'autres sont dissoutes dans le plasma, le liquide qui baigne les cellules sanguines, et qui est constitué à plus de 90 % d'eau. Le sang contient aussi des globules blancs qui interviennent dans la défense de l'organisme contre les maladies infectieuses.

Globule rouge du sang

Globule blanc du sang

L'hypothalamus est localisé à la base du cerveau.

L'ACTIVITÉ CÉRÉBRALE

Le cerveau est composé à environ 90 % d'eau. Son niveau d'activité se réduit si l'organisme ne renferme pas assez d'eau. Cela affecte les capacités de concentration et la mémoire, provoque des maux de tête et peut même conduire à la dépression et au syndrome de fatigue chronique. Heureusement, il existe dans le cerveau un organe, appelé hypothalamus, sensible à la quantité d'eau interne et qui réagit à tout déficit en déclenchant la sensation de soif.

Les ganglions lymphatiques filtrent la lymphe avant qu'elle ne se mêle au sang.

Le foie débarrasse le sang des toxines qui s'y accumulent.

Les reins fabriquent l'urine à partir des déchets du métabolisme.

Le gros intestin absorbe l'eau en excès des rebuts de la digestion.

Les vaisseaux lymphatiques drainent la lymphe depuis les tissus vers le sang.

Le cerveau reçoit 15 à 20 % de la masse sanguine totale.

Les poumons rejettent de l'eau dans l'air expiré.

Les artères emportent le sang du cœur vers les organes.

Les veines ramènent le sang des organes vers le cœur.

Le cœur envoie du sang riche en oxygène dans tout l'organisme.

L'estomac produit des sucs qui digèrent la nourriture.

L'intestin grêle transfère les nutriments extraits des aliments digérés dans le sang.

LES FLUIDES VITAUX

L'eau a de nombreuses fonctions dans l'organisme. C'est le flux sanguin qui la distribue dans toutes les cellules. Le système lymphatique, quant à lui, collecte l'eau dans les tissus sous la forme d'un liquide appelé lymphe et la nettoie avant de la renvoyer dans le sang. L'eau intervient dans la digestion, dans l'évacuation des toxines hors de l'organisme, dans la lubrification des articulations et dans la régulation de la température interne.

La vessie collecte l'urine produite par les reins pour l'éliminer.

La peau intervient dans le contrôle de la température corporelle par déperdition d'eau sous l'effet de la transpiration.

Les articulations sont lubrifiées par le liquide synovial qui est un fluide aqueux.

Les os sont composés de 22 % d'eau.

Les muscles sont composés de 75 % d'eau.

LES SUCS DIGESTIFS

Lors d'un repas, la paroi interne de l'estomac sécrète environ un demi-litre de sucs digestifs qu'elle déverse sur la nourriture. Présentes dans ces sucs, des protéines spéciales appelées enzymes commencent à dissocier les aliments en composés plus simples. Plus bas, dans les intestins, d'autres sucs digestifs poursuivent le travail jusqu'à ce que les aliments soient réduits en nutriments assimilables par l'organisme. Ceux-ci passent dans le sang à travers la paroi intestinale avec une grande partie de l'eau qu'ils contiennent.

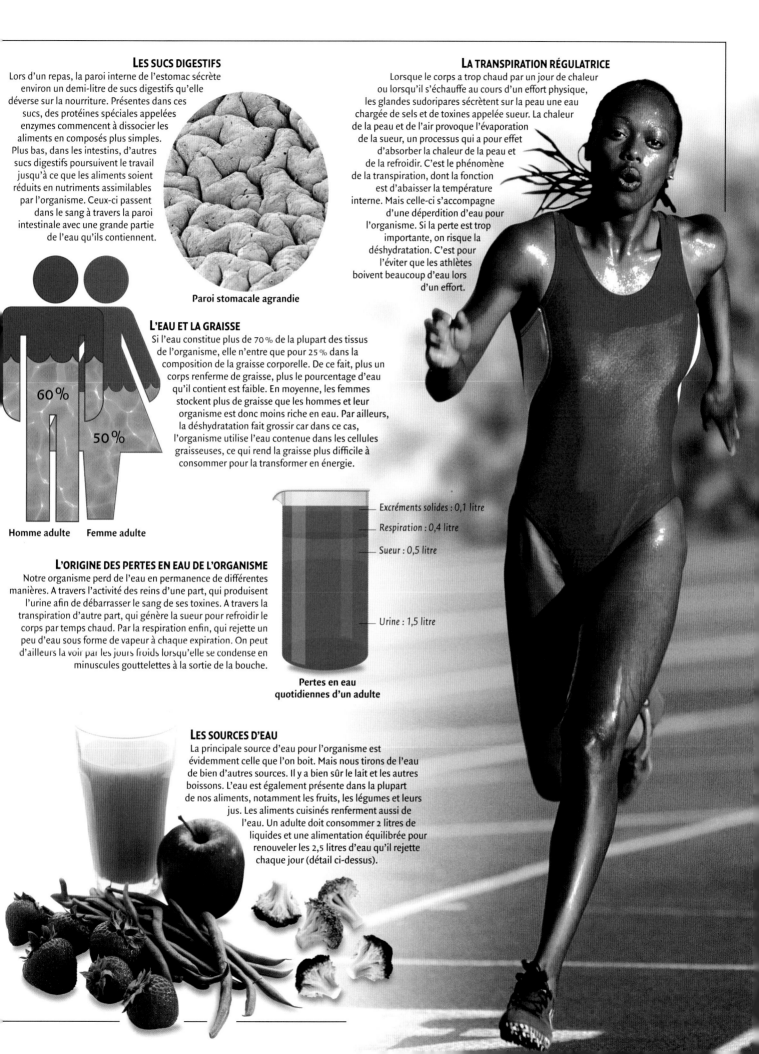

Paroi stomacale agrandie

LA TRANSPIRATION RÉGULATRICE

Lorsque le corps a trop chaud par un jour de chaleur ou lorsqu'il s'échauffe au cours d'un effort physique, les glandes sudoripares sécrètent sur la peau une eau chargée de sels et de toxines appelée sueur. La chaleur de la peau et de l'air provoque l'évaporation de la sueur, un processus qui a pour effet d'absorber la chaleur de la peau et de la refroidir. C'est le phénomène de la transpiration, dont la fonction est d'abaisser la température interne. Mais celle-ci s'accompagne d'une déperdition d'eau pour l'organisme. Si la perte est trop importante, on risque la déshydratation. C'est pour l'éviter que les athlètes boivent beaucoup d'eau lors d'un effort.

L'EAU ET LA GRAISSE

Si l'eau constitue plus de 70 % de la plupart des tissus de l'organisme, elle n'entre que pour 25 % dans la composition de la graisse corporelle. De ce fait, plus un corps renferme de graisse, plus le pourcentage d'eau qu'il contient est faible. En moyenne, les femmes stockent plus de graisse que les hommes et leur organisme est donc moins riche en eau. Par ailleurs, la déshydratation fait grossir car dans ce cas, l'organisme utilise l'eau contenue dans les cellules graisseuses, ce qui rend la graisse plus difficile à consommer pour la transformer en énergie.

60 %

50 %

Homme adulte   Femme adulte

L'ORIGINE DES PERTES EN EAU DE L'ORGANISME

Notre organisme perd de l'eau en permanence de différentes manières. A travers l'activité des reins d'une part, qui produisent l'urine afin de débarrasser le sang de ses toxines. A travers la transpiration d'autre part, qui génère la sueur pour refroidir le corps par temps chaud. Par la respiration enfin, qui rejette un peu d'eau sous forme de vapeur à chaque expiration. On peut d'ailleurs la voir par les jours froids lorsqu'elle se condense en minuscules gouttelettes à la sortie de la bouche.

Excréments solides : 0,1 litre
Respiration : 0,4 litre
Sueur : 0,5 litre
Urine : 1,5 litre

**Pertes en eau
quotidiennes d'un adulte**

LES SOURCES D'EAU

La principale source d'eau pour l'organisme est évidemment celle que l'on boit. Mais nous tirons de l'eau de bien d'autres sources. Il y a bien sûr le lait et les autres boissons. L'eau est également présente dans la plupart de nos aliments, notamment les fruits, les légumes et leurs jus. Les aliments cuisinés renferment aussi de l'eau. Un adulte doit consommer 2 litres de liquides et une alimentation équilibrée pour renouveler les 2,5 litres d'eau qu'il rejette chaque jour (détail ci-dessus).

L'EAU, LA SANTÉ ET L'HYGIÈNE

Parce que l'eau est essentielle à la survie, elle peut, lorsqu'elle n'est pas d'une qualité suffisante, devenir un danger pour la santé. Elle peut en effet être chargée d'agents susceptibles de provoquer des maladies. Certains sont des parasites qui, une fois à l'intérieur d'un organisme hôte, en sapent la résistance. D'autres sont des microbes pathogènes pouvant entraîner des maladies parfois mortelles. Ils proviennent le plus souvent d'eaux usées venues contaminer les eaux de consommation. L'homme a pourtant réalisé assez vite que faire bouillir l'eau la rendait plus saine. Mais il n'a compris pourquoi qu'assez récemment dans l'histoire, avec la découverte des microbes.

LE FLÉAU DES EAUX SALES

Dans les pays en voie de développement, environ 80 % des maladies sont dues à la contamination des eaux de consommation par des eaux usées. Il s'agit d'un problème constant dans les bidonvilles, où des populations pauvres vivent dans des habitations de fortune dépourvues d'installations sanitaires. Le problème se pose aussi de façon majeure lorsque des guerres ou des catastrophes naturelles détruisent les réseaux d'alimentation en eau potable et d'évacuation des eaux usées. Les enfants qui jouent dans des eaux sales, comme ci-dessus à Bagdad, en Irak, en paient malheureusement souvent le prix de leur santé, voire de leur vie. Pire encore, cette situation est parfois entretenue, dans certains pays, par des régimes dirigeants autoritaires qui se préoccupent peu de la misère dans laquelle vivent leurs populations.

UNE RESSOURCE PRÉCIEUSE

Une eau fraîche et propre est le premier et le plus essentiel des besoins de l'homme. Dans les pays développés, où les techniques modernes sont partout et le revenu moyen par habitant relativement élevé, disposer d'eau potable dans ses robinets est considéré comme normal. Mais il existe beaucoup de pays où cela reste un luxe. Au moins 884 millions de personnes dans le monde utilisent encore des sources d'eau susceptibles d'être contaminées par des microbes dangereux. Environ 330 millions d'entre eux vivent en Afrique subsaharienne. Pour ces enfants de Zambie, dans le sud de l'Afrique, l'eau propre qui coule de cette pompe est une précieuse ressource.

QUAND LES PARASITES ATTAQUENT

Beaucoup de populations vivent dans des endroits où l'alimentation en eau est contaminée par des parasites tels que des vers intestinaux, la douve du foie, ou bien le microbe ci-dessous qui provoque une maladie appelée lambliase se traduisant par des diarrhées. Les touristes qui visitent ces régions sont susceptibles d'attraper ces parasites en buvant de l'eau contaminée ou en mangeant des aliments lavés avec ces mêmes eaux.

Giardia, microbe flagellé responsable de la lambliase

LA SOURCE DE L'ÉPIDÉMIE

Le médecin anglais John Snow (ci-dessus) découvrit le lien entre la maladie et l'eau de boisson contaminée lors d'une épidémie de choléra en 1854, en Grande-Bretagne. En étudiant sur une carte la répartition des cas, il parvint à localiser la source de l'épidémie : une pompe à eau infectée, située dans Broad Street (aujourd'hui Broadwick Street), à Londres. Il y mit fin en démontant simplement la poignée de la pompe afin que l'on ne puisse plus s'en servir.

La pompe de Broad Street

BÉNÉFIQUES INFUSIONS

Dès 350 av. J.-C., le médecin grec Hippocrate recommandait de faire bouillir l'eau de boisson pour la débarrasser de son mauvais goût et de ses mauvaises odeurs, qu'il associait aux maladies. En fait, l'opération débarrassait aussi l'eau des microbes dangereux pour la santé, bien qu'Hippocrate n'en eut jamais connaissance à son époque. Les peuples orientaux non plus, qui avaient, eux aussi, découvert que l'eau bouillie apportait moins de maladies. Ils s'aperçurent également que l'eau avait meilleur goût lorsqu'on la versait sur des feuilles de thé, et ainsi naquit la tradition de la consommation de cette boisson infusée.

Gravure japonaise du début du XIXe siècle représentant une cérémonie du thé

Hygiène

BIENFAITS ET MÉFAITS DE L'ALCOOL

Il y a des milliers d'années, des peuples d'Europe découvrirent que le vin ou la bière, fabriqués à partir du raisin ou de grains fermentés, étaient des boissons plus sûres que l'eau. La raison en était que l'alcool tue les microbes, mais ce fait était alors inconnu. Toutefois, l'alcool est également toxique pour l'homme : diabète, maladies du foie et cardio-vasculaires ainsi que cancer de la gorge sont en effet favorisés par une consommation régulière et excessive.

LE TRAITEMENT DES EAUX

Dans les pays développés, l'eau qui alimente les habitations est le plus souvent sans danger parce qu'elle est filtrée et traitée au chlore, le désinfectant également employé dans les piscines. Celui-ci tue les bactéries et autres organismes. Certains affirment que le chlore lui-même peut être néfaste pour la santé, mais il est bien loin de l'être autant que les agents pathogènes qu'il détruit.

L'HYGIÈNE DES MAINS

Beaucoup de problèmes de santé peuvent être évités simplement en se lavant fréquemment les mains avec de l'eau et du savon. C'est particulièrement important avant de se mettre à table et après être passé aux toilettes, mais également lorsque l'on est atteint de quelque maladie, telle qu'un simple refroidissement. Beaucoup d'infections se transmettent en effet par contact physique. Si l'eau peut transporter des maladies, elle offre aussi l'un des moyens les plus simples de les prévenir.

CAPTAGE ET DISTRIBUTION DE L'EAU

Jadis, on buvait l'eau des sources, des rivières et des puits. Mais les populations humaines sont aujourd'hui si denses que ces eaux naturelles sont désormais souvent contaminées par les rejets humains, qui peuvent véhiculer parasites et agents pathogènes. Dans les pays en voie de développement, de nombreuses personnes risquent tous les jours leur santé en buvant ainsi des eaux naturelles parce qu'ils n'ont pas d'autre choix. Mais dans les pays développés, l'eau est traitée pour éliminer les organismes infectieux, et acheminée directement dans les habitations par des réseaux de canalisations. Les eaux usées sont collectées et dirigées par un autre réseau vers des installations de traitement où elles sont épurées.

L'EAU DES RIVIÈRES ET DES GLACIERS

L'essentiel de l'eau que nous consommons provient encore de sources ouvertes naturelles comme les rivières, mais cette eau est le plus souvent traitée pour la rendre potable, c'est-à-dire consommable sans risques pour la santé. Certains pays utilisent aussi l'eau qui s'écoule des glaciers, comme ici dans les montagnes chiliennes. Les glaciers sont en effet des réservoirs naturels d'eau propre, mais il sont aujourd'hui menacés par le réchauffement climatique.

LES BARRAGES ET LEURS RÉSERVOIRS

L'eau est stockée dans des réservoirs. Il peut s'agir de lacs créés en construisant des barrages sur des rivières, comme le barrage Hoover (ci-dessus), dans le Colorado, aux Etats-Unis. Les réservoirs garantissent l'alimentation en eau même en période de faibles précipitations. Mais ils peuvent se remplir de sédiments qui s'accumulent derrière le barrage. Par ailleurs, lorsque des vallées sont inondées pour créer des réservoirs, des terres agricoles, des villes et des villages sont submergés et le milieu naturel est dévasté.

LES PUITS ET LES FORAGES

Ces ouvriers zimbabwéens sont en train de creuser un puits traditionnel, c'est-à-dire un trou profond descendant jusqu'au niveau hydrostatique (p. 36). L'eau est collectée à l'aide d'un seau fixé au bout d'une corde reliée à une poulie. Les puits de ce genre sont facilement contaminés, mais ils peuvent être rendus plus sûrs en maçonnant la tête de puits et en y installant une pompe. On utilise le même principe pour capter l'eau des aquifères plus profonds en effectuant des forages équipés de pompes à moteur.

L'ART DES SOURCIERS

Certaines personnes ont des dons de sourcier, c'est-à-dire qu'elles sont capables de localiser des nappes d'eau souterraines par simple sensibilité à leur présence. Le sourcier parcourt le terrain en tenant dans ses mains une baguette fourchue ou deux barres métalliques, ou un autre type d'équipement. Lorsqu'il parvient au-dessus d'une nappe d'eau, la baguette ou les barres réagissent semble-t-il d'elles-mêmes par des mouvements. En fait, il se pourrait qu'elles ne fassent qu'amplifier d'infimes mouvements involontaires des mains du sourcier dus à sa sensibilité à l'eau. Personne ne sait vraiment comment cela marche, mais cela marche souvent étonnamment bien !

L'eau dessalée à la sortie du filtre est dirigée vers les installations de post-traitement.

Des bancs de filtrage débarrassent l'eau des débris qu'elle contient.

Centrale électrique

Centre de contrôle

Réservoir de stockage

L'eau salée traverse sous haute pression des membranes filtrantes ultra fines en direction du centre du filtre à osmose inverse.

L'eau dessalée est envoyée dans le réseau de distribution.

Les soupapes de captage prélèvent l'eau salée dans la mer.

Lors du post-traitement, l'eau est enrichie en minéraux bénéfiques.

Une canalisation dirige l'eau à haute concentration en sel vers la mer, ou elle est rejetée.

Le système de filtration par osmose inverse supprime le sel de l'eau.

LE DESSALEMENT DE L'EAU DE MER

Dans les pays chauds, où les ressources en eau douce sont rares, l'eau de consommation peut être produite à partir de l'eau de mer en supprimant le sel qu'elle contient. Dans le procédé de filtration par osmose inverse, l'eau est injectée sous haute pression à travers des séries de filtres très fins qui retiennent le sel. Celui-ci est récupéré et rejeté sous forme d'eau très salée dans la mer. L'opération consomme beaucoup d'énergie mais celle-ci peut être fournie par le Soleil.

Les ouvrier descendent un inspecteur dans le puits à l'aide de la poulie.

LES RÉSEAUX D'EAU POTABLE ET LES ÉGOUTS

La plupart des gens dans le monde utilisent, pour se fournir en eau, une source commune telle qu'un puits de village. Mais dans les pays développés, l'eau est acheminée partout par des réseaux de canalisations d'alimentation. Des réseaux parallèles d'assainissement collectent les eaux usées depuis les habitations et les dirigent vers les égouts (ci-dessus) qui les guident ensuite vers les stations d'épuration.

UNE TECHNOLOGIE TRÈS ANCIENNE

Les Romains de l'Antiquité construisirent de magnifiques aqueducs, tel le Pont du Gard (ci-dessus), dans le sud de la France, pour alimenter les villes en eau. Ceux-ci étaient reliés à de longs canaux à ciel ouvert ou sous tunnel. Le tracé était étudié avec beaucoup de précision afin de maintenir, tout le long, une pente permettant à l'eau de s'écouler avec un débit constant.

Les habitations produisent des eaux usées.

Les eaux usées parviennent par les égouts à la station de traitement.

Des grilles de plus en plus fines retiennent les débris les plus gros.

Les bassins de désablage et de déshuilage permettent aux sables de tomber au fond et aux huiles et aux graisses de s'accumuler en surface par réduction de la vitesse.

L'oxygénation favorise le développement de bactéries qui dégradent les matières organiques.

Le traitement final supprime les derniers résidus polluants.

Les boues d'épuration sont emportées pour être utilisées comme engrais.

L'eau nettoyée est rejetée dans la rivière.

Les bassins de lagunage permettent aux boues de décantation de se déposer.

Le bassin de floculation agglomère une partie des matières polluantes qui sont ensuite récupérées.

LE TRAITEMENT DES EAUX USÉES

Les eaux usées sont dirigées à travers les égouts jusqu'aux stations d'épuration. Là, elles sont filtrées et laissées à décanter pour les débarrasser des matières solides en suspension, avant d'être traitées pour détruire tout microbe dangereux. Elles sont ensuite rejetées dans les rivières ou dans la mer, où elles finiront d'être purifiées naturellement longtemps avant qu'elles ne soient pompées à nouveau pour la consommation.

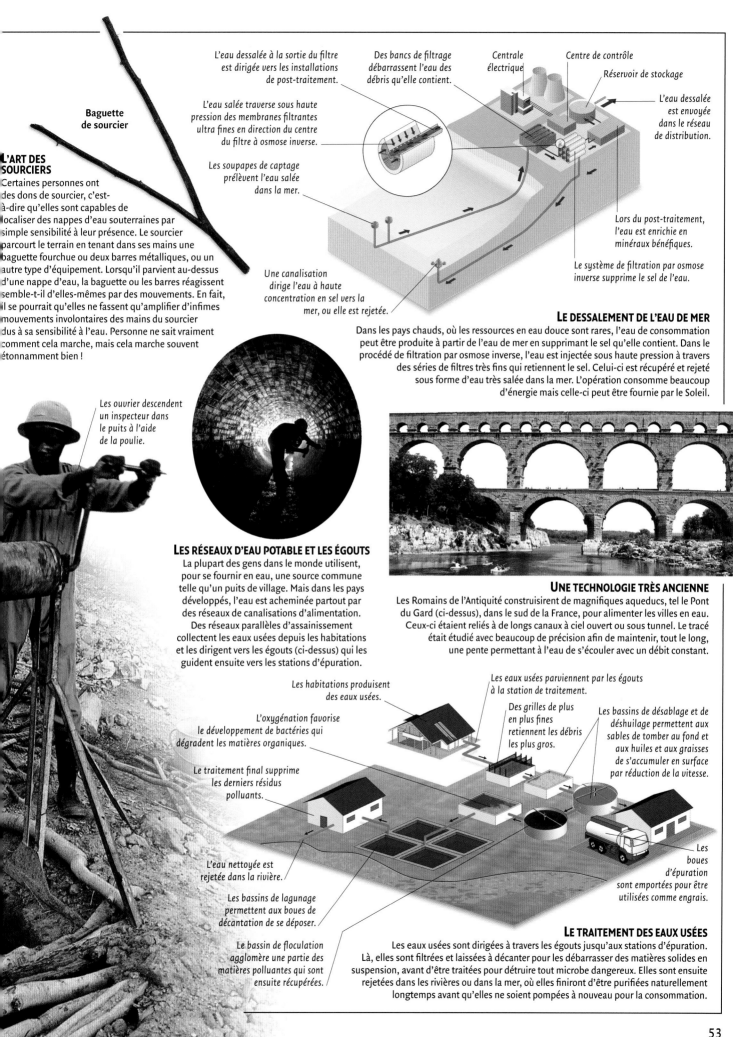

L'EAU DANS L'AGRICULTURE ET L'INDUSTRIE

Bien que nous utilisions de grandes quantités d'eau à des fins domestiques, elles ne représentent que 8 % de la consommation totale, ce qui est très peu comparé aux 69 % utilisés par l'agriculture. Les 23 % restants sont employés par l'industrie. L'utilisation d'eau à grande échelle peut toutefois réduire sérieusement les réserves, notamment en période de faibles précipitations, ce qui risque, à terme, de poser des problèmes aux consommateurs que nous sommes tous. Par ailleurs, certaines formes d'agriculture et d'industrie ont aussi pour effet d'introduire des polluants dans les eaux qu'elles rejettent, délibérément ou accidentellement, dans l'environnement.

L'IRRIGATION DANS LE PASSÉ
Dans les régions rizicoles qui ne bénéficient pas de pluies tropicales quotidiennes, les rizières doivent être irriguées, c'est-à-dire alimentées artificiellement en eau. Jadis, les fermiers utilisaient des machines simples, telle la vis d'Archimède, représentée sur cette aquarelle du XIXe siècle, pour prélever l'eau d'irrigation dans les cours d'eau.

LA RIZICULTURE
Le riz est une céréale poussant en milieu humide et se cultive donc dans des champs envahis par une couche d'eau de faible profondeur. En Asie tropicale, où le riz est un aliment de base depuis des siècles, les rizières couvrent la majeure partie des territoires agricoles. Dans les régions montagneuses, comme ici dans la province de Guangxi, en Chine, la plupart des pentes ont été aménagées en terrasses avec un rebord en terre pour retenir les eaux de pluie.

POUR FAIRE VERDIR LE DÉSERT
Grâce à l'irrigation, on peut transformer des déserts nus en terrains agricoles. L'eau est envoyée par des canalisations vers de longs bras arroseurs rotatifs qui créent des champs de verdure circulaires, comme ici dans l'Utah, aux Etats-Unis. Toutefois, si le sol est irrigué trop longtemps, l'évaporation de l'eau augmente sa salinité à un point tel qu'il devient impropre à toute culture.

Les rebords en terre permettent aux terrasses de retenir l'eau de pluie.

L'ÉLEVAGE, GROS CONSOMMATEUR D'EAU

L'élevage du bétail consomme beaucoup d'eau.
Une vache laitière en boit plus de 150 litres par jour
lorsqu'il fait chaud. Mais il en faut bien plus encore
pour nettoyer les installations de traite, les étables,
et pour faire pousser les aliments pour les nourrir.

DANS L'INDUSTRIE LOURDE

L'eau est également utilisée en
très grande quantité par certaines
branches de l'industrie comme la
papeterie. Ainsi, il en a fallu 1 litre
pour fabriquer chaque page de
ce livre. La métallurgie, comme
l'aciérie ci-contre, utilise aussi
beaucoup d'eau pour refroidir
à la fois les produits et les machines
qui les fabriquent. Toutefois, l'eau
peut être recyclée au sein de l'usine
ou bien, si elle est correctement
traitée, peut être rejetée sans
risques dans l'environnement.

*L'eau emporte le sable
et les pierres pour ne laisser
que les particules d'or,
plus lourdes.*

Agriculture

L'ORPAILLAGE

Au cours des ruées vers l'or qui se déroulèrent en Amérique du Nord
et en Australie au XIXe siècle, des milliers de prospecteurs utilisèrent
de l'eau pour séparer l'or des sédiments des rivières. Le procédé
traditionnel consistait à utiliser une batée d'orpaillage pour y faire
tourner doucement, au fil du courant, un peu de la terre du fond
de rivière afin d'emporter le sable et le gravier. Les particules
les plus lourdes, parmi lesquelles les pépites d'or,
restaient au fond de la batée.

LA CULTURE HYDROPONIQUE

Dans certaines régions qui possèdent peu de terres fertiles,
les cultures peuvent être pratiquées sous verre, sans terre.
Cette technique, appelée hydroponique, n'utilise que de
l'eau contenant les nutriments dissous nécessaires aux
végétaux, comme dans ce pot de verre. La méthode est
souvent utilisée dans les laboratoires et elle est
envisagée pour la culture dans l'espace.

*Bassins pollués
par le cuivre dans
une mine du Michigan,
aux Etats-Unis*

LA POLLUTION DES EAUX

L'agriculture et l'industrie induisent parfois de graves
pollutions des cours d'eau ainsi que des mers peu
profondes. Les engrais dissous dans les eaux ruissellent
depuis les terres agricoles vers les plans d'eau qui
deviennent parfois si riches que certaines algues s'y
développent en excès. Lorsqu'elles meurent, leur
décomposition consomme tout l'oxygène dissous dans
l'eau, tuant les autres êtres vivants. Les métaux lourds
toxiques rejetés par l'industrie, comme le plomb et le
mercure, empoisonnent la vie aquatique et rendent l'eau
impropre à la consommation. Certains cours d'eau sont
même connus pour véhiculer des déchets radioactifs.

*L'eau nourrit le riz et empêche
les herbes indésirables
de pousser.*

L'EAU, LA PÊCHE ET L'AQUACULTURE

Depuis toujours, la pêche nourrit les populations des bords de mer, de lac et de rivière. Une petite part des poissons capturés est prise à l'aide de cannes, de filets lancés à la main ou de nasses posées localement. Mais la plus grande partie est capturée dans l'océan par des bateaux de pêche modernes équipés des dernières technologies. Leurs immenses filets et les longues lignes d'hameçons, conçus pour attraper le poisson en quantité, remontent souvent des espèces que l'on souhaite épargner. Par ailleurs, la surpêche a réduit les populations naturelles de poissons. C'est pourquoi certaines espèces comme le saumon et les crevettes sont désormais élevées dans des fermes aquacoles pour répondre à la demande.

DE RICHES PÂTURES MARINES
La plupart des zones de pêche les plus riches se situent dans les eaux côtières peu profondes où des courants lessivent les nutriments du fond et les ramènent en surface. Ils y nourrissent des essaims de plancton qui nourrissent à leur tour de grands bancs de poissons. La zone bleu-vert que l'on voit sur cette image satellite d'une région de l'Arctique est un «bloom» phytoplanctonique, développement soudain et massif de plancton végétal.

DES MÉTHODES RENOUVELABLES
Pendant longtemps, les techniques de pêche sont restées artisanales et d'un impact négligeable sur les populations de poissons. Ces derniers avaient le temps de se reproduire pour remplacer les effectifs capturés. Les populations humaines à nourrir étaient également moins grandes que de nos jours. Ces pêcheurs sur un lac du Myanmar (Birmanie) utilisent encore des filets simples, guettant le poisson tout en pagayant d'une rame. Ils n'attrapent pas plus qu'ils n'ont besoin et n'épuisent jamais leur ressource.

DES PRATIQUES TRÈS ANCIENNES
Les preuves de la pratique de la pêche par l'homme – rejets d'os de poissons, peintures rupestres – remontent à 40 000 ans. Mais il est probable qu'elle soit bien plus ancienne encore. De nombreux artistes et auteurs ont démontré, en leur temps, à travers leurs œuvres, l'importance de la pêche. Cette peinture médiévale illustre un poème de l'auteur grec du IIe siècle Oppien de Corycos.

Le moulinet permet de libérer et de remonter la ligne.

Canne à lancer pour la truite (démontée)

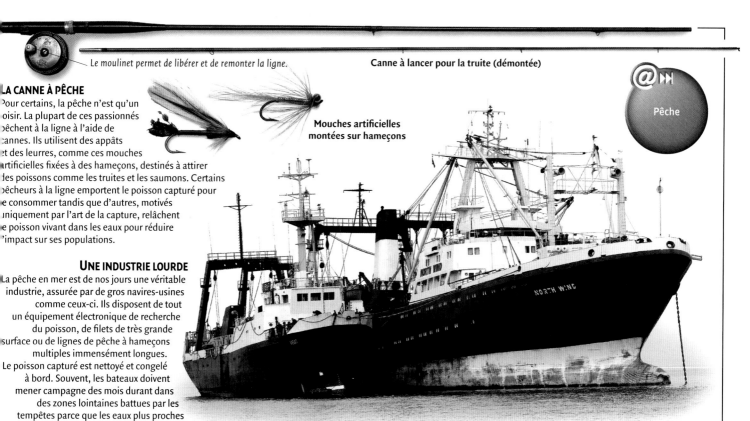

@ ▸▸ Pêche

LA CANNE À PÊCHE

Pour certains, la pêche n'est qu'un loisir. La plupart de ces passionnés pêchent à la ligne à l'aide de cannes. Ils utilisent des appâts et des leurres, comme ces mouches artificielles fixées à des hameçons, destinés à attirer des poissons comme les truites et les saumons. Certains pêcheurs à la ligne emportent le poisson capturé pour le consommer tandis que d'autres, motivés uniquement par l'art de la capture, relâchent le poisson vivant dans les eaux pour réduire l'impact sur ses populations.

Mouches artificielles montées sur hameçons

UNE INDUSTRIE LOURDE

La pêche en mer est de nos jours une véritable industrie, assurée par de gros navires-usines comme ceux-ci. Ils disposent de tout un équipement électronique de recherche du poisson, de filets de très grande surface ou de lignes de pêche à hameçons multiples immensément longues. Le poisson capturé est nettoyé et congelé à bord. Souvent, les bateaux doivent mener campagne des mois durant dans des zones lointaines battues par les tempêtes parce que les eaux plus proches de leurs ports d'attache ont été surpêchées.

Un filet conique sert à coiffer le poisson aperçu, qui est ensuite harponné.

SURPÊCHE ET VICTIMES COLLATÉRALES

La pêche commerciale est devenue si efficace que bon nombre des zones de pêche les plus riches du monde sont aujourd'hui quasiment vidées de leurs poissons. Par ailleurs, beaucoup d'autres espèces, allant des albatros aux tortues marines, sont aujourd'hui menacées parce qu'elles se prennent dans les filets et les lignes de pêche.

Jeune tortue imbriquée prise dans un filet de pêche

Pêcheurs écossais manifestant contre les quotas de pêche

LES QUOTAS ET LES RÉSERVES DE PÊCHE

Les gouvernements imposent un contrôle sur les pêches en instaurant des quotas qui limitent le nombre de prises. La réglementation impose également une taille minimale de capture pour chaque espèce afin de lui laisser des chances de se reproduire. Mais ces mesures sont très impopulaires auprès des pêcheurs, obligés de se priver d'une partie de leurs prises. Ci-dessus, on voit des pêcheurs britanniques manifestant leur colère en déversant des poissons en pleine rue.

L'AQUACULTURE

Ces crevettes n'ont pas été capturées à l'état sauvage mais élevées dans des bassins côtiers en Extrême-Orient. Ces pratiques aquacoles peuvent sembler une solution idéale aux problèmes de la surpêche, mais ne sont pas sans inconvénients. L'installation des bassins crée des dommages aux écosystèmes côtiers, en particulier aux mangroves, qui sont par ailleurs d'utiles barrières aux tempêtes océaniques. En outre, la pisciculture dans des cages submergées et densément peuplées peut polluer les eaux par les excès de nourriture, de rejets des poissons, de parasites et de produits chimiques administrés pour contrôler les maladies. Enfin, certains poissons d'élevage sont nourris par des prises pêchées en pleine mer.

Crevettes d'aquaculture

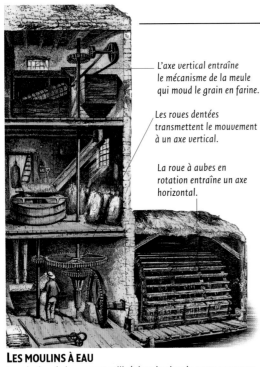

L'axe vertical entraîne le mécanisme de la meule qui moud le grain en farine.

Les roues dentées transmettent le mouvement à un axe vertical.

La roue à aubes en rotation entraîne un axe horizontal.

LES MOULINS À EAU

Le principe de la roue est utilisé depuis plus de 2 000 ans pour capter l'énergie de l'eau courante. Dans les moulins d'antan, la force de l'eau en mouvement poussait sur les aubes ou les godets de la roue et la faisait tourner. Par l'intermédiaire d'axes et de roues à engrenages, le mouvement rotatif entraînait toute sortes de machines, notamment des meules dans le cas des moulins, comme ci-dessus. La vitesse des roues les plus simples variait en fonction de celle du courant. Les installations plus élaborées fournissaient une énergie plus constante parce que les roues étaient entraînées par le poids de l'eau stockée dans un réservoir.

JAMES WATT ET LE MOTEUR À VAPEUR

Les premiers moteurs à vapeur étaient des engins poussifs dont les pistons allaient et venaient dans un mouvement lent et saccadé. Ils étaient parfaits pour pomper de l'eau mais incapables d'entraîner correctement un axe rotatif. En 1765, l'ingénieur écossais James Watt (1736-1819) mit au point un nouveau type de moteur à vapeur doté d'un mouvement uniforme. Celui-ci put dès lors servir dans l'industrie lourde et devenait idéal pour entraîner des locomotives à vapeur.

LA PRESSION DE LA VAPEUR

Les vieilles locomotives comme celle-ci sont mues par la pression de la vapeur qui s'accumule lorsque l'on fait bouillir de l'eau dans la chaudière, alimentée par du charbon. Le même principe est encore utilisé de nos jours pour entraîner les turbines à pales dans les centrales électriques. La chaleur qui transforme l'eau en vapeur peut être produite par une chaudière où l'on brûle un carburant comme du charbon, du fioul ou du gaz, ou bien par un réacteur nucléaire. Certaines fonctionnent aussi grâce à l'énergie solaire.

L'ÉNERGIE DE L'EAU

On peut produire de l'énergie à partir de l'eau de différentes manières. Lorsqu'elle est en mouvement, l'eau possède une énergie propre que l'homme a, de tout temps, exploitée : jadis dans les moulins, de nos jours dans les barrages et autres usines marémotrices. À l'état de vapeur et maintenue sous haute pression, l'eau peut aussi servir à entraîner des moteurs, notamment les turbines qui génèrent une part non négligeable de notre électricité. Mais transformer l'eau en vapeur nécessite de la chaleur qui doit être produite à partir d'autres formes d'énergie telles qu'un carburant fossile. Dans ce cas, l'eau n'intervient que comme agent de transfert de l'énergie et non comme sa source proprement dite.

46512

60 B

THE STRATHSPEY CLANSMAN

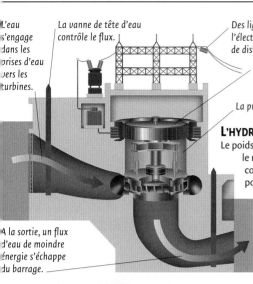

L'eau s'engage dans les prises d'eau vers les turbines.

La vanne de tête d'eau contrôle le flux.

Des lignes électriques emportent l'électricité vers le réseau de distribution.

La génératrice est entraînée par la turbine, produisant l'électricité.

La pression de l'eau entraîne la turbine.

A la sortie, un flux d'eau de moindre énergie s'échappe du barrage.

L'HYDROÉLECTRICITÉ

Le poids énorme de l'eau amassée dans le réservoir d'un barrage sur un cours d'eau fournit de l'énergie pour produire de l'électricité.

La pression entraîne les pales d'énormes turbines installées dans des conduites qui traversent le barrage. Ces turbines entraînent à leur tour des génératrices qui produisent l'électricité.

L'ÉNERGIE MARÉMOTRICE

Des barrages construits en travers des estuaires des rivières permettent de produire de l'électricité de la même façon que les barrages hydroélectriques. La marée qui ne cesse de monter et descendre fait tourner des turbines installées dans l'ouvrage, lesquelles entraînent les génératrices. Ce système fonctionne bien mais il est susceptible de modifier les équilibres naturels dans les estuaires en perturbant le rythme des marées. Il existe en France un barrage de cette sorte sur l'estuaire de la Rance (Ille-et-Vilaine).

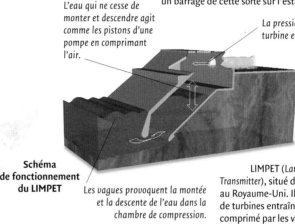

L'eau qui ne cesse de monter et descendre agit comme les pistons d'une pompe en comprimant l'air.

La pression de l'air entraîne turbine et génératrice.

Schéma de fonctionnement du LIMPET

Les vagues provoquent la montée et la descente de l'eau dans la chambre de compression.

L'ÉNERGIE DES VAGUES

Les vagues marines ont le pouvoir d'abattre des falaises et de faire couler des navires, mais leur énergie est difficile à exploiter. Parmi les systèmes capables de transformer leur mouvement en électricité, figure le LIMPET (*Land Installed Marine Power Energy Transmitter*), situé dur l'île d'Islay, en Ecosse, au Royaume-Uni. Il produit de l'électricité à l'aide de turbines entraînées par la pression de l'air, comprimé par les vagues parvenant dans une chambre en béton.

Énergie

La tour supporte les turbines et fait office de balise pour les navires.

Les pales rotatives de la turbine entraînent la génératrice.

L'ÉNERGIE HYDROLIENNE

Différents systèmes sont actuellement à l'étude pour capter l'énergie colossale des courants marins. Le Gulf Stream, dans l'océan Atlantique, est puissant entre la Floride, aux Etats-Unis, et les proches Bahamas. Il existe à cet endroit un projet visant à installer des turbines immergées, ancrées au fond, qui entraîneraient des génératrices électriques. Ces dispositifs sont appelés des hydroliennes, par analogie avec les éoliennes qui captent l'énergie des vents. Les concepteurs pensent que celles-ci pourraient produire autant d'électricité qu'une centrale nucléaire sans aucun danger potentiel ni risque de pollution.

UNE CORVÉE VITALE
Seuls 10 % de la population mondiale possèdent l'eau courante dans leurs habitations. Le reste du monde doit aller se fournir en eau potable auprès de sources communautaires. Pour tous ces peuples, qui disposent d'à peine assez pour assurer leurs besoins vitaux, chaque goutte d'eau est précieuse. Quant au confort d'une salle de bains, il reste pour eux du domaine du rêve.

L'EAU, SOURCE DE CONFLITS

Dans les pays développés, avoir de l'eau dans ses robinets paraît normal. Mais dans bien d'autres régions du monde, l'eau potable est un luxe. Elle peut même devenir si rare et précieuse que des hommes en viennent à risquer leur vie pour se la procurer. Dans ces régions, prélever de l'eau des rivières pour l'irrigation des cultures et l'usage urbain risque d'avoir de sérieuses conséquences pour les populations vivant en aval. Il en va de même pour l'installation de barrages. La pollution des cours d'eau peut, en outre, avoir un impact désastreux sur la vie sauvage. Tous ces problèmes déclenchent parfois des conflits politiques, voire des guerres en cas de tension extrême.

Mer Méditerranée — LIBAN — Jourdain — Plateau du Golan — SYRIE — ISRAËL — Lac de Tiberiade (Mer de Galilée) — Jourdain — JORDANIE

0   20 km

LA GUERRE DE L'EAU
Les disputes autour de l'eau peuvent conduire à de sérieux conflits. Ainsi, au début des années 1960, la Syrie tenta de récupérer les eaux qui s'écoulaient du plateau du Golan vers l'Etat d'Israël voisin en construisant un canal (ligne pointillée bleue sur la carte). Les Israéliens forcèrent les Syriens à abandonner le projet, mais les tensions autour des ressources en eau ne cessèrent de croître, jusqu'à la guerre des Six-Jours en 1967, lorsqu'Israël envahit la Syrie. Israël occupa alors le plateau du Golan jusqu'à la ligne pointillée violette sur la carte, contrôlant ainsi toute l'eau qui s'écoulait du plateau. De nos jours, Israël occupe toujours le Golan, ce qui reste une source de tensions politiques au Moyen-Orient.

L'EAU QUE L'ON GASPILLE
Dans nos pays développés, nous gaspillons beaucoup d'eau sans y penser. Environ 30 % de toute celle que nous employons à la maison part avec la chasse d'eau des toilettes. Et l'on en utilise bien plus encore pour nettoyer les automobiles et arroser les gazons en été. On la gaspille même dans les semi-déserts comme celui qui entoure Las Vegas, aux Etats-Unis, où d'énormes quantités d'eau sont utilisées pour entretenir des parcours de golf (ci-contre).

Feuillets de timbres libyens commémorant le projet de Grande Rivière artificielle

Le colonel Mouammar al Khadafi, le dirigeant libyen

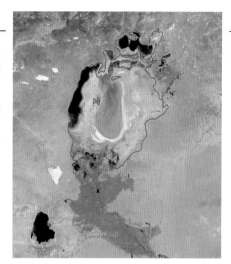

LE DÉTOURNEMENT DES RIVIÈRES

Canaliser les cours d'eau pour en faire des réseaux d'irrigation peut avoir des effets désastreux sur l'environnement. Dans les années 1960, 90 % de l'eau qui alimentait la mer d'Aral, au nord-ouest de l'Asie, furent détournés pour irriguer des champs de coton. Depuis, la mer d'Aral n'a cessé de se réduire. Délimitée, à l'origine, par la ligne rouge sur la carte satellite ci-contre, elle n'occupe plus aujourd'hui qu'un dixième de cette surface et ses eaux sont devenues extrêmement salées et polluées.

POUR TRANSFORMER LE DÉSERT

La Grande Rivière artificielle, en Libye (Afrique du Nord), est un projet mis en service dans les années 1990, qui pompe une eau fossile accumulée il y a environ 20 000 ans au cours de la dernière période glaciaire dans un immense réservoir naturel souterrain. Elle a pour objet de fournir chaque jour d'énormes quantités d'eau aux grandes villes de Libye et a valu aux politiciens libyens un prestige immédiat. Toutefois, l'eau consommée n'est pas renouvelée et le réservoir souterrain finira par s'épuiser. Beaucoup d'oasis nées de cette réalisation et de villes du désert verront alors disparaître leur ressource en eau.

Enormes conduites en béton de la Grande Rivière artificielle mises en place par des grues

Les timbres présentent la manière dont l'eau sera employée pour cultiver le désert.

LA POLLUTION DES EAUX

Les activités minières et les rejets industriels peuvent empoisonner les rivières, en restreindre le débit, tuer la faune et la flore et détruire les ressources des populations installées sur les berges et dont la survie en dépend. La pollution affecte également les océans. Une part de celle-ci est délibérée, comme les dégazages sauvages en mer de certains pétroliers, mais les accidents comme les marées noires peuvent être aussi dévastateurs pour des animaux comme ce manchot. Les communautés côtières affectées par ces catastrophes environnementales sont souvent mal dédommagées par les compagnies pétrolières.

UN CONDITIONNEMENT À PROBLÈMES

Chaque année, les industriels utilisent environ 2,7 millions de tonnes de plastique pour mettre de l'eau en bouteilles. La plupart de ces bouteilles sont produites à partir de pétrole, une ressource non renouvelable, et près de 90 % d'entre elles finissent dans des sites d'enfouissement où elles mettront jusqu'à 1 000 ans à se décomposer. Malgré tout, dans les régions du monde où l'eau potable courante n'est pas disponible, l'eau en bouteille est souvent la seule option saine.

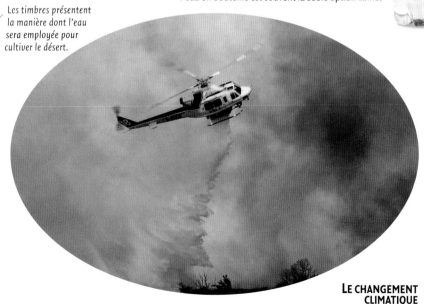

LE CHANGEMENT CLIMATIQUE

L'humanité doit actuellement faire face à la probabilité d'importants changements climatiques. Dans certaines régions, nous risquons de voir augmenter l'intensité des tempêtes et des inondations, tandis que d'autres devront supporter sécheresses prolongées et incendies catastrophiques comme ci-dessus. Ces événements auront sur l'économie de certains pays des effets très perturbateurs, qui forceront les populations à migrer vers des régions moins touchées. Les conséquences politiques de tels bouleversements pourraient être considérables.

L'EAU DANS LE FUTUR

Dans les temps à venir, l'eau va jouer un rôle de plus en plus crucial pour l'humanité. Avec l'accroissement de la population humaine et des sécheresses dues au réchauffement climatique, les réserves en eau risquent, dans certaines régions du monde, de se réduire dramatiquement. Néanmoins, l'homme met au point des moyens de tirer meilleur parti des ressources existantes, d'exploiter de nouvelles sources d'approvisionnement en eau et commence à mettre en place des mesures visant à éviter le gaspillage. Bientôt, des systèmes de gestion et de recyclage de l'eau seront installés dans tous les nouveaux bâtiments d'habitation, les bureaux, les écoles et les usines. L'usage économique de l'eau est appelé à faire partie de notre vie quotidienne.

LA VALEUR DE L'EAU

Jadis, la bienfaisante eau potable était souvent sacralisée, et intervenait fréquemment dans l'ornementation des temples et autres sites à forte symbolique spirituelle, comme le Taj Mahal (ci-dessus), en Inde. De nos jours, beaucoup de gens ont perdu ce sens de la valeur de l'eau, mais nous allons devoir le retrouver si nous voulons instaurer un usage raisonné de ce liquide vital.

COMMENT GARANTIR LES RÉSERVES

Avec la modification du régime des pluies, de nombreux pays risquent de se trouver confrontés à une insuffisance de leurs ressources en eau et devront en chercher d'autres. Parmi les possibilités qui s'offrent, figurent la récolte de l'eau de pluie et le recyclage des eaux usées. On peut aussi envisager dans certains pays, le dessalement de l'eau de mer. La photo ci-dessus montre la salle de contrôle d'une usine de dessalement dans le sud de l'Espagne.

DES SOLUTIONS SIMPLES

De nombreux organismes œuvrent à l'amélioration des approvisionnements en eau dans les régions du monde où l'eau potable est rare. Le projet Hitosa, en Éthiopie centrale, a consisté à capter l'eau de deux sources et à la conduire par simple gravité dans des canalisations vers le bas de la pente pour alimenter 31 villes et villages. Il fournit désormais à 60 000 personnes une eau sûre à consommer.

Les eaux de pluie s'écoulent du toit vers les gouttières.

L'eau d'évacuation du lave-vaisselle s'écoule dans le réseau des eaux grises.

L'eau des cabines de douche s'évacue dans le réseau des eaux grises.

L'eau de l'évier s'évacue dans le réseau des eaux grises.

L'eau de la baignoire s'évacue dans le réseau des eaux grises.

La chasse d'eau est alimentée par de l'eau recyclée.

Des bidons collectent les eaux de pluie pouvant servir pour laver les voitures.

Les « eaux-vannes », issues des chasses d'eau, sont évacuées vers les égouts.

Les gouttières collectent les eaux de pluie.

Des plantes résistantes à la sécheresse nécessitent moins d'arrosage.

L'eau recyclée est utilisée pour l'irrigation du jardin.

Dans la citerne, l'eau de pluie est mélangée aux eaux grises traitées.

Le réseau d'alimentation délivre l'eau dans les robinets.

Compteur d'eau du réseau d'alimentation.

La machine à laver le linge utilise de l'eau recyclée.

La citerne de traitement des eaux grises les débarrasse des détergents et de la saleté qu'elles contiennent.

Une pompe envoie les eaux grises traitées vers la citerne.

Une pompe envoie l'eau recyclée vers la citerne des combles.

LA GESTION DE L'EAU

Certaines habitations sont désormais équipées dès la construction de systèmes de gestion de l'eau. Ces systèmes peuvent également être installés dans des bâtiments plus anciens. Les eaux usées des bains, douches et machines à laver, appelées « eaux grises », sont filtrées et traitées pour les débarrasser des polluants, et mélangées à de l'eau de pluie récupérée sur la toiture. Elles sont ensuite employées pour des fonctions comme les chasses d'eau, réduisant ainsi considérablement la consommation d'eau du robinet.

L'EAU ET LA VIE SAUVAGE

Dans le futur, les sécheresses pourraient avoir des conséquences dramatiques pour la nature, notamment pour la faune et la flore des milieux humides. Bon nombre de zones marécageuses sont aujourd'hui des réserves naturelles où l'on veille à maintenir l'humidité du sol. Ces mesures garantissent la survie d'espèces vivantes typiques des milieux de marais et de tourbières, comme ces sarracénias, des plantes carnivores, qu'une biologiste est ici en train d'examiner, dans le sud-est des Etats-Unis.

Amaranthe   Graines d'amaranthe

DES PLANTES POUR TERRAINS ARIDES

Les régions appelées à devenir plus arides dans le futur devront développer des cultures nécessitant moins d'arrosage. Parmi les espèces qui tolèrent bien la sécheresse, figure l'amaranthe, une plante à haut rendement. Ses graines peuvent être utilisées à la place du riz ou du blé et sont très nutritives grâce à leur forte teneur en protéines.

DISPONIBILITÉ ET CONSOMMATION DE L'EAU

L'eau est très inégalement répartie sur la Terre : certaines régions sont régulièrement arrosées par des pluies torrentielles tandis que d'autres connaissent des années de sécheresse. Les hommes vivent surtout dans les régions où les réserves sont bonnes, mais l'accroissement de la population et les changements climatiques rendent aujourd'hui l'accès à l'eau de plus en plus difficile. Neuf personnes sur dix dans le monde doivent aller puiser leur eau à des sources communautaires et, dans 15 % des cas, la potabilité de ces sources n'est pas assurée. Par ailleurs, les effets positifs de l'amélioration des approvisionnements risquent d'être balayés par l'augmentation de la population et le réchauffement global.

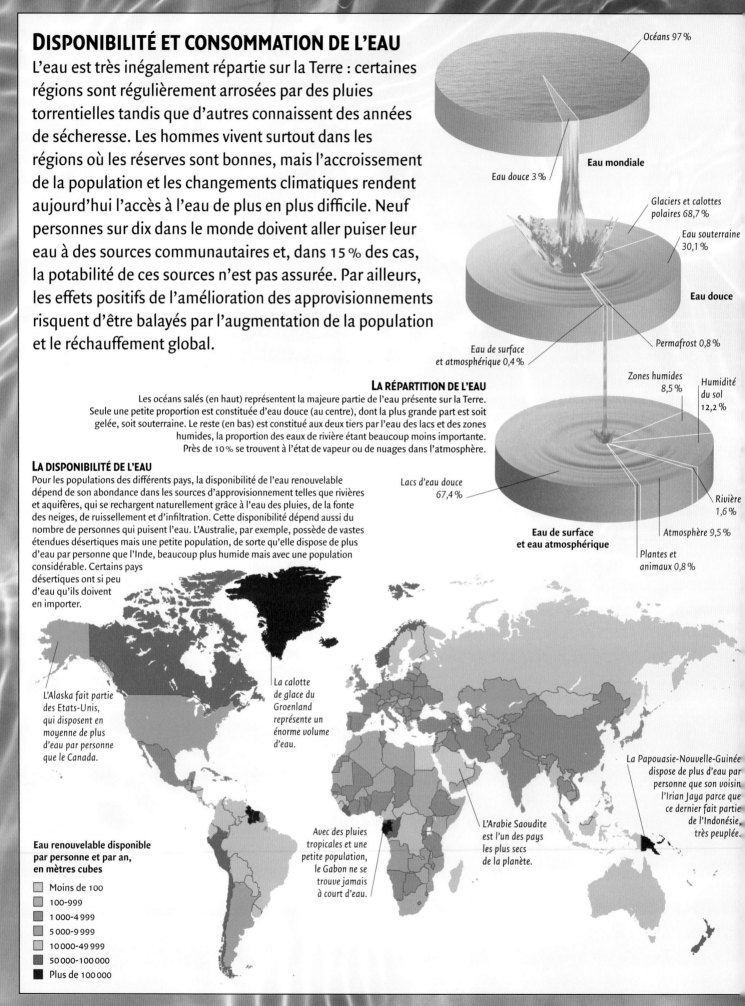

Océans 97 %

Eau mondiale

Eau douce 3 %

Glaciers et calottes polaires 68,7 %

Eau souterraine 30,1 %

Eau douce

Permafrost 0,8 %

Eau de surface et atmosphérique 0,4 %

Zones humides 8,5 %

Humidité du sol 12,2 %

Lacs d'eau douce 67,4 %

Rivière 1,6 %

Eau de surface et eau atmosphérique

Atmosphère 9,5 %

Plantes et animaux 0,8 %

LA RÉPARTITION DE L'EAU

Les océans salés (en haut) représentent la majeure partie de l'eau présente sur la Terre. Seule une petite proportion est constituée d'eau douce (au centre), dont la plus grande part est soit gelée, soit souterraine. Le reste (en bas) est constitué aux deux tiers par l'eau des lacs et des zones humides, la proportion des eaux de rivière étant beaucoup moins importante. Près de 10 % se trouvent à l'état de vapeur ou de nuages dans l'atmosphère.

LA DISPONIBILITÉ DE L'EAU

Pour les populations des différents pays, la disponibilité de l'eau renouvelable dépend de son abondance dans les sources d'approvisionnement telles que rivières et aquifères, qui se rechargent naturellement grâce à l'eau des pluies, de la fonte des neiges, de ruissellement et d'infiltration. Cette disponibilité dépend aussi du nombre de personnes qui puisent l'eau. L'Australie, par exemple, possède de vastes étendues désertiques mais une petite population, de sorte qu'elle dispose de plus d'eau par personne que l'Inde, beaucoup plus humide mais avec une population considérable. Certains pays désertiques ont si peu d'eau qu'ils doivent en importer.

L'Alaska fait partie des Etats-Unis, qui disposent en moyenne de plus d'eau par personne que le Canada.

La calotte de glace du Groenland représente un énorme volume d'eau.

La Papouasie-Nouvelle-Guinée dispose de plus d'eau par personne que son voisin l'Irian Jaya parce que ce dernier fait partie de l'Indonésie, très peuplée.

Avec des pluies tropicales et une petite population, le Gabon ne se trouve jamais à court d'eau.

L'Arabie Saoudite est l'un des pays les plus secs de la planète.

Eau renouvelable disponible par personne et par an, en mètres cubes

- Moins de 100
- 100-999
- 1 000-4 999
- 5 000-9 999
- 10 000-49 999
- 50 000-100 000
- Plus de 100 000

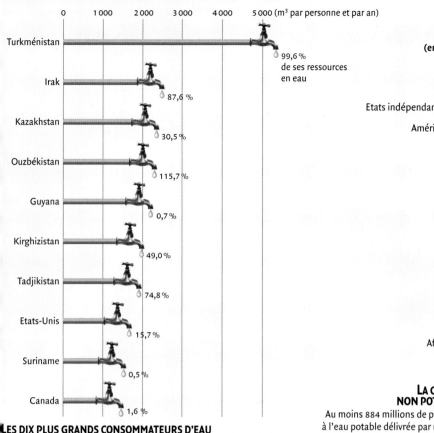

0   1 000   2 000   3 000   4 000   5 000 (m³ par personne et par an)

Turkménistan — 99,6 % de ses ressources en eau

Irak — 87,6 %

Kazakhstan — 30,5 %

Ouzbékistan — 115,7 %

Guyana — 0,7 %

Kirghizistan — 49,0 %

Tadjikistan — 74,8 %

Etats-Unis — 15,7 %

Suriname — 0,5 %

Canada — 1,6 %

LES DIX PLUS GRANDS CONSOMMATEURS D'EAU

La consommation annuelle d'eau par personne dépend souvent du climat. Le Turkménistan est un pays très sec d'Asie centrale où les cultures doivent être fortement irriguées. Il consomme donc une grande partie de ses ressources en eau. Le Canada, quant à lui, reçoit beaucoup plus de précipitations, a de moindres besoins en irrigation et beaucoup plus d'eau en réserve (1 mètre cube = 1 000 litres).

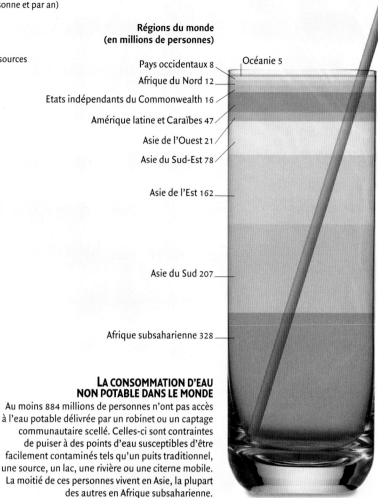

Régions du monde
(en millions de personnes)

Pays occidentaux 8 — Océanie 5
Afrique du Nord 12
Etats indépendants du Commonwealth 16
Amérique latine et Caraïbes 47
Asie de l'Ouest 21
Asie du Sud-Est 78

Asie de l'Est 162

Asie du Sud 207

Afrique subsaharienne 328

LA CONSOMMATION D'EAU NON POTABLE DANS LE MONDE

Au moins 884 millions de personnes n'ont pas accès à l'eau potable délivrée par un robinet ou un captage communautaire scellé. Celles-ci sont contraintes de puiser à des points d'eau susceptibles d'être facilement contaminés tels qu'un puits traditionnel, une source, un lac, une rivière ou une citerne mobile. La moitié de ces personnes vivent en Asie, la plupart des autres en Afrique subsaharienne.

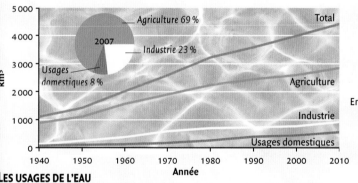

5 000
4 000 — Total
3 000 — 2007 — Agriculture 69 %
2 000 — Industrie 23 %
1 000 — Usages domestiques 8 % — Agriculture — Industrie — Usages domestiques
0
1940   1950   1960   1970   1980   1990   2000   2010
Année
km³

LES USAGES DE L'EAU

Depuis 1940, la consommation d'eau dans le monde n'a cessé d'augmenter à cause de l'accroissement de la population, du développement de l'industrie et de l'agriculture intensive. L'usage industriel de l'eau a augmenté plus vite que les usages domestiques, mais le principal consommateur reste l'agriculture. Dans ce graphique, le camembert montre les proportions respectives utilisées en 2007 : l'agriculture a englouti plus des deux tiers du total consommé (1 kilomètre cube = 1 000 milliards de litres).

Garçons 4 %
Filles 7 %
Hommes 25 %
Femmes 64 %

QUI RÉCOLTE L'EAU ?

Environ 90 % de la population mondiale doivent prélever l'eau à des sources communautaires. Malgré son poids, le liquide vital est généralement puisé et transporté par les femmes, cette tâche faisant partie de leur rôle domestique traditionnel. Elle possède souvent un rôle social important en offrant des occasions de rencontres et d'échanges. Beaucoup de femmes parcourent 15 km ou plus par jour pour aller chercher l'eau.

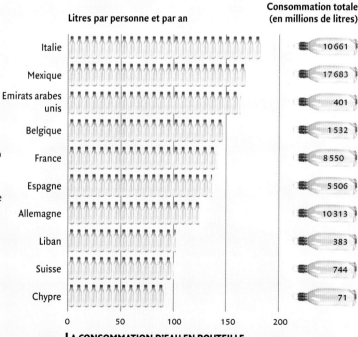

	Litres par personne et par an	Consommation totale (en millions de litres)
Italie		10 661
Mexique		17 683
Emirats arabes unis		401
Belgique		1 532
France		8 550
Espagne		5 506
Allemagne		10 313
Liban		383
Suisse		744
Chypre		71

0   50   100   150   200

LA CONSOMMATION D'EAU EN BOUTEILLE

Les plus gros buveurs d'eau en bouteille, par personne, sont les Italiens. Mais le Mexique en consomme un volume total plus important car sa population est plus forte, alors que celui absorbé par les Emirats arabes unis est relativement faible. Certains de ces pays consomment beaucoup d'eau en bouteille parce qu'ils ne disposent pas d'une eau du robinet assez sûre. Les Etats-Unis restent les plus gros consommateurs, avec un volume total de 26 000 millions de litres.

CHRONOLOGIE DE L'HISTOIRE DE L'EAU ET DE L'HOMME

L'eau a joué un rôle majeur au cours de l'histoire dans l'agriculture et la technologie, les voyages, l'exploration et le commerce. Au XVIIe siècle, les scientifiques commencèrent à effectuer des recherches sur la nature de l'eau elle-même. Les découvertes qui suivirent précisèrent le rôle de l'élément liquide dans la météorologie, le climat, la vie et même la géologie du globe. Dans le même temps, les progrès dans le traitement de l'eau ont aidé à combattre les maladies et la pollution véhiculées par l'eau.

Céréales cultivées par les premiers fermiers vers 9 000 av. J.-C.

IL Y A ENVIRON 4 MILLIARDS D'ANNÉES
Les premiers océans se forment.

IL Y A ENVIRON 3,8 MILLIARDS D'ANNÉES
Premières formes de vie dans les océans.

IL Y A ENVIRON 400 MILLIONS D'ANNÉES
Les amphibiens évoluent à partir des poissons.

IL Y A ENVIRON 2 MILLIONS D'ANNÉES
Début de l'actuelle période glaciaire. Des calottes de glace recouvrent l'Amérique du Nord, le nord de l'Europe et de l'Asie.

IL Y A ENVIRON 50 000 ANS
Des hommes préhistoriques traversent la mer pour coloniser l'Australie.

IL Y A 17 000 ANS
Début du déclin de la dernière glaciation.

VERS 9 000 AV. J.-C.
Les Mésopotamiens utilisent l'irrigation et deviennent les premiers fermiers.

VERS 1 500 AV. J.-C.
Les Polynésiens commencent à coloniser les îles du Pacifique, traversant l'océan à bord de grands canoës à voile à double coque. Ils atteindront la Nouvelle-Zélande vers l'an 1 000.

VERS 600 AV. J.-C.
Les Romains installent les premiers réseaux d'égouts de grande ampleur.

VERS 312 AV. J.-C.
Les Romains alimentent leurs villes en eau potable au moyen d'aqueducs.

VERS L'AN 985
Les Vikings découvrent les côtes d'Amérique du Nord.

1492
Le navigateur génois Christophe Colomb traverse l'Atlantique et découvre les Caraïbes.

Isaac Newton explique les marées en 1697.

1519-1521
Le navigateur portugais Ferdinand Magellan entreprend le premier voyage autour du monde.

1611
L'astronome allemand Johannes Kepler est le premier à décrire la forme à six côtés des flocons de neige.

1662
Le scientifique et architecte britannique Christopher Wren met au point le premier pluviomètre moderne.

1697
Le scientifique britannique Isaac Newton explique comment la gravité de la Lune provoque les marées.

1735
Le physicien britannique George Hadley explique comment la vapeur d'eau circule dans l'atmosphère.

1742
Le scientifique suédois Anders Celsius met au point son échelle de température basée sur les points de gel et d'ébullition de l'eau.

Les Romains commencèrent à construire des aqueducs comme celui-ci, à Ségovie, en Espagne, vers 312 av. J.-C.

1770
L'inventeur et homme d'État américain Benjamin Franklin publie la première description et la première carte du Gulf Stream, courant de l'Atlantique Nord.

1768-1779
Le capitaine James Cook, explorateur britannique, entreprend trois voyages d'exploration qui le mènent surtout dans les océans Pacifique et Austral, où il cartographie nombre d'îles et la côte est de l'Australie.

1783
Le scientifique français Antoine Lavoisier montre que l'eau est composée d'oxygène et d'hydrogène.

1800
Les scientifiques anglais William Nicholson et Anthony Carlisle utilisent l'électricité pour séparer l'eau par électrolyse en oxygène et en hydrogène gazeux.

1803
Le météorologue amateur anglais Luke Howard met au point une nomenclature des nuages.

1804
La première usine municipale d'épuration des eaux usées est installée à Paisley, en Écosse.

1805
Le scientifique français Joseph-Louis Gay-Lussac démontre que l'eau est composée de deux volumes d'hydrogène pour un volume d'oxygène.

1819
Le chimiste suisse Alexandre Marcet découvre que la composition chimique de base de l'eau de mer est la même partout dans le monde.

1829
Scot James Simpson développe un système d'épuration de l'eau basé sur la filtration par le sable.

1831-1836
Le naturaliste anglais Charles Darwin conduit quelques-unes des premières recherches océanographiques au cours de son voyage sur le *Beagle*.

1854
Le médecin anglais John Snow met fin à une épidémie de choléra en faisant condamner un puits, démontrant ainsi que la maladie est transmise par de l'eau contaminée.

Le *HMS Challenger*, cinquième du nom

Journal relatant la crue du Yangtsé en 1931

1872-1876
Le *HMS Challenger* effectue la première grande campagne d'exploration scientifique des océans. Le navire parcourt 110 900 km au cours d'un voyage de quatre ans autour du monde.

1882
La première génératrice hydroélectrique est construite sur la Fox River, Wisconsin, aux États-Unis.

1920
Le chercheur serbe Milutin Milankovitch découvre que les variations régulières de l'orbite de la Terre autour du Soleil entraînent des cycles de changement global de température responsables des périodes glaciaires.

1924
Le biochimiste russe Aleksandr Oparin suggère que la vie sur Terre pourrait avoir ses origines dans les océans. Il affirme que des substances simples se sont assemblées pour constituer les premières molécules complexes nécessaires à la vie.

1931
Après trois années de sécheresse, le fleuve Yangtsé, en Chine, entre en crue, provoquant la mort de plus de 3,7 millions de personnes.

1932
Après des années de sécheresse et de surexploitation, les terres du « *Dust Bowl* », dans le Midwest américain, sont emportées par le vent. Les tempêtes de poussière durent jusqu'en 1939.

1934
Le naturaliste américain Charles Beebe et l'ingénieur Otis Barton effectuent une plongée record de 923 m à bord du submersible la *Bathysphère*, ouvrant la voie de l'exploration des grandes profondeurs marines.

1936
Le premier barrage hydroélectrique en arc, le barrage Hoover, sur le fleuve Colorado, dans le sud-ouest des États-Unis, est achevé.

1943
Le commandant français Jacques-Yves Cousteau et l'ingénieur Emile Gagnan mettent au point le scaphandre autonome, un appareil de respiration sous-marine utilisant une réserve d'air portée sur le dos par le plongeur.

Jacques-Yves Cousteau (à droite) testant le scaphandre autonome en 1943

1944
La plus longue conduite d'alimentation en eau du monde est ouverte. Elle alimente la ville de New York depuis le réservoir de Rondout, situé à 169 km.

1948
L'océanographe américain Henry Melson Stommel publie un article expliquant le fonctionnement du Gulf Stream et de la circulation océanique qui redistribue la chaleur autour du monde.

1951
Les scientifiques découvrent le point le plus profond des océans, le Challenger Deep, dans la fosse des îles Mariannes, dans le Pacifique Ouest. Il se situe à environ 10 900 m de profondeur.

1960
Jacques Piccard et Don Walsh atteignent la partie la plus profonde de la fosse des Mariannes à bord du bathyscaphe *Trieste*, et découvrent l'existence de vie marine même à ces profondeurs.

1962
Le géologue américain Harry Hess propose la théorie de l'expansion du fond marin à partir des dorsales médio-océaniques.

1967
L'usine marémotrice de la Rance, près de Saint-Malo, est mise en fonction en France. Elle produit 500 gigawatts-heure d'électricité par an.

1968-1969

Le navigateur britannique Robin Knox-Johnston remporte le premier tour du monde à la voile en solitaire sans escale.

1972

La législation américaine promulgue le «Clean Water Act» pour restaurer chimiquement, biologiquement et physiquement les cours d'eau endommagés par la pollution.

1977

A bord du submersible *Alvin*, des scientifiques américains découvrent les fumeurs noirs, sources hydrothermales chaudes, sur le fond de l'océan Pacifique.

Robin Knox-Johnston sur le *Suhaili*, en 1968-1969.

1981

Le WaterAid, organisme international à but non-lucratif, est créé dans l'optique d'aider les populations à échapper à la pauvreté et aux maladies favorisées par l'absence d'eau potable et d'hygiène.

1984

Une longue sécheresse provoque une famine en Ethiopie et au Soudan, tuant 450 000 personnes.

1984-1985

Début des travaux d'installation de la Grande Rivière artificielle en Libye, le plus grand projet d'irrigation et d'alimentation en eau du monde.

1985

Le concert Live Aid est organisé afin de lever des fonds pour lutter contre la famine en Ethiopie.

1985

La «Dead Zone», une région dépourvue de vie dans le golfe du Mexique du fait de la pollution apportée en mer par le fleuve Mississippi, fait l'objet pour la première fois d'une surveillance systématique.

1987

Le barrage de l'Escaut oriental, plus long barrage du monde en travers d'un estuaire avec ses 9 km, est achevé aux Pays-Bas. Il a pour fonction de défendre la côte contre les hautes marées et les tempêtes.

1991-1992

L'Afrique connaît sa pire période de sécheresse du XXe siècle, avec 6,7 millions de kilomètres carrés affectés.

1994

La loi de la Mer des Nations unies entre en vigueur, définissant pour les nations les règles de sauvegarde des océans et de leurs ressources. Elle remplace les conventions définissant les droits nationaux sur les mers datant du XVIIe siècle, qui avaient cours jusque-là.

1995

La plus grosse vague océanique jamais enregistrée, de 30 m de haut, frappe le paquebot *Queen Elizabeth II* au large des côtes de Terre-Neuve, au Canada. Des vagues plus hautes surviennent peut-être dans l'océan Austral, mais n'ont jamais été enregistrées.

2000

La sonde *Galileo* de la NASA transmet des indices selon lesquels Europe, l'un des satellites de Jupiter, pourrait dissimuler un océan d'eau liquide sous sa surface glacée. Si c'est le cas, il serait le seul autre corps du Système solaire à porter des océans et il est possible qu'il puisse abriter des formes de vie.

2000

Une étude montre que, dans les pays les moins développés, 27 % de la population (soit près de 900 millions de personnes) n'ont pas accès à l'eau potable.

La sonde *Galileo* trouve des preuves de présence d'eau sur Europe en 2000.

2002

Un énorme bloc de glace qui avançait dans la mer sur la péninsule Antarctique, baptisé banquise Larsen-B, se disloque et 3 250 km² de glace partent à la dérive dans l'océan.

2003

La première génératrice d'électricité de pleine mer au monde est installée au large de la côte nord du Devon, dans le sud de l'Angleterre.

2004

Une série de tsunamis, déclenchés par un séisme sous-marin dans l'océan Indien, fait près de 300 000 victimes en Asie du Sud-Est.

2005

Une équipe internationale d'océanographes révèle que les océans s'acidifient dangereusement sous l'effet du dioxyde de carbone absorbé dans l'air. Cela pourrait avoir de graves conséquences pour la vie marine.

2005

La plus grosse usine de dessalement d'eau de mer du monde est mise en service à Ashkelon, en Israël.

2006

Une étude scientifique fait ressortir que les réserves de poissons marins exploitables par la pêche ont diminué de près d'un tiers, et que le déclin s'accélère. Si la tendance se poursuit, nombre de poissons que nous consommons deviendront trop rares pour continuer à être pêchés vers 2050.

2007

L'UNESCO déclare 2008 Année internationale de l'Hygiène.

Des fumeurs noir, sources hydrothermales découvertes en 1977

POUR EN SAVOIR PLUS

L'eau est une substance étonnante et il existe bien des façons d'en explorer les caractères et les propriétés. On peut tout simplement la contempler dans sa force et sa majesté dans les rivières, les lacs et les océans. La visite des milieux humides, réserves naturelles et aquariums permet de toucher du doigt toutes ses interactions avec le monde vivant. Les expositions dans les musées et les sites d'exploitation ou de gestion de l'eau permettent de comprendre les différents usages que nous en faisons. Plus encore, il importe que chacun réfléchisse à sa manière d'utiliser l'eau dans un monde où elle devient de plus en plus précieuse.

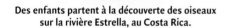

LA DÉCOUVERTE DU MONDE VIVANT

Rivières, zones humides et bords de mer sont des endroits privilégiés pour découvrir les plantes et les animaux aquatiques et se faire une idée de l'importance de l'eau dans le monde vivant. Le mieux est de suivre des visites guidées parce que les guides savent quoi regarder et identifier les espèces vivantes. Un voyage bien organisé est aussi le meilleur moyen d'approcher la vie sauvage sur l'eau en toute sécurité.

Des enfants partent à la découverte des oiseaux sur la rivière Estrella, au Costa Rica.

LES AQUARIUMS

Les aquariums modernes offrent aujourd'hui d'extraordinaires visions de ce à quoi ressemble la vie sous-marine. Beaucoup, comme celui ci-contre, sont équipés de tunnels transparents permettant de se promener au fond et d'observer les requins et autres poissons nageant au-dessus de soi. Dans la mesure où l'eau couvre les deux tiers du globe terrestre, cela fait toucher du doigt la vie telle qu'elle se manifeste sur la majeure partie de la planète. C'est une expérience magique et inoubliable.

LES GRANDS OUVRAGES HYDROÉLECTRIQUES

Parmi les plus impressionnantes des réalisations humaines, figurent les barrages, conçus pour capter une part de la puissance de l'eau, voire pour se protéger de cette dernière. De nombreuses usines hydroélectriques proposent régulièrement des visites et les grands barrages sont souvent ouverts toute l'année. Celui-ci possède même une plateforme permettant au public de contempler sa tête d'eau.

QUELQUES SITES INTERNET

❏ On trouvera tout sur l'eau en France sur le portail général des agences de l'Eau : **www.lesagencesdeleau.fr/**. Ce portail donne accès aux sites des six grandes agences régionales de France. Parmi ceux-ci, trois sont particulièrement intéressants d'un point de vue pédagogique et ludique pour les juniors.
  – Agence Rhin-Meuse, site junior :
  www.eau-rhin-meuse.fr/hector/index2.htm
  – Agence Adour-Garonne, site junior :
  www.coursdeau.com/
  – Agence Rhone-Méditerranée-Corse, site junior :
  www.eaurmc.fr/juniors/

❏ Pour approfondir ses connaissances scientifiques sur l'eau, le dossier « L'eau douce » de la série Sagascience, collection de dossiers de vulgarisation scientifique du CNRS :
  www.cnrs.fr/cw/dossiers/doseau/accueil.html

❏ Le site de l'association Les Biefs du Pilat, dans le département de la Loire. Son action est un exemple de gestion globale et durable de l'eau :
  pagesperso-orange.fr/biefs.dupilat/
  Un reportage en *streaming* sur ses réalisations (durée 8 min.) : **www.dailymotion.com/video/x15f8freportage-biefs-du-pilat**

❏ ZHW, un site d'information sur l'actualité des zones humides dans le monde, si fragiles et menacées, et leur protection. Il comporte de nombreux articles et une grande quantité de liens vers d'autres sites à thématique similaire : **www.zhw1.info/index.htm**

GLOSSAIRE

ACIDE
Composé chimique, généralement liquide, contenant de l'hydrogène, capable d'attaquer les substances alcalines comme le calcaire.

ALCALI (OU BASE)
Composé chimiquement opposé à l'acide. Lorsque acides et alcalis sont mélangés, ils se neutralisent mutuellement.

ALGUE
Groupe d'organismes, souvent microscopiques, proches des plantes, capables comme ces dernières de fabriquer leur nourriture à partir de l'énergie du Soleil.

ANTICYCLONE
Système climatique dans lequel de l'air froid descend vers le sol en un mouvement spiralé, s'échappant vers l'extérieur au niveau des terres ou de la mer, et créant un centre de hautes pressions atmosphériques.

AQUEUX, AQUEUSE
Qualifie ce qui est de la nature de l'eau, ou qui contient de l'eau.

ATOME
Constituant microscopique de la matière formant l'unité de base, la plus petite partie nécessaire pour former un élément chimique. L'élément oxygène, par exemple, est constitué d'atomes d'un seul type spécifique. Un composé tel que l'eau est fait de molécules, constituées par l'assemblage d'atomes de plusieurs types.

BACTÉRIE
Organisme microscopique constitué d'une unique cellule.

BANQUISE
Epaisse couche de glace se formant à la surface de l'océan lorsqu'elle gèle.

BASALTE
Roche volcanique formée par le magma lorsqu'il a refroidi rapidement au contact de l'eau ou de l'air, principal constituant de la croûte océanique.

CALOTTE GLACIAIRE
Epaisse couche de glace recouvrant de vastes surfaces de terre, comme en Antarctique et au Groënland.

CARBONATE
Minéral contenant du carbone et de l'oxygène.

CELLULE
Plus petite unité d'un organisme, composée d'une membrane enfermant des fluides, des nutriments et des molécules organiques telles les protéines.

CLIMAT
Ensemble de conditions météorologiques moyennes régnant sur une région donnée.

CONDENSATION
Passage de l'état gazeux à l'état liquide.

CONTAMINATION
Pour un liquide comme l'eau, fait de se trouver chargé d'impuretés ou d'agents pathogènes (transmettant des maladies).

CONVECTION
Mouvement et circulation des fluides sous l'effet de la chaleur.

Modélisation d'une cellule

CRUE ÉCLAIR
Inondation subite consécutive à une tempête, pouvant former un puissant torrent.

CYANOBACTÉRIES, OU CYANOPHYCÉES
Bactéries très anciennes apparues il y a environ 3,8 milliards d'années. Elles se nourrissent par photosynthèse et ont contribué, jadis, à l'expansion de la vie sur Terre, notamment en produisant l'oxygène présent aujourd'hui dans l'atmosphère.

CYCLONE
Système climatique porteur de nuages, de pluies et de vents forts dans lequel de l'air chaud et humide s'élève en un mouvement spiralé.

DENSITÉ
Degré de compacité des molécules constituant une substance. La densité détermine la masse de la substance. Les icebergs flottent parce que leur densité est plus faible que celle de l'eau.

Iceberg

Fermiers chinois actionnant une machine d'irrigation

DIOXYDE DE CARBONE
Gaz non coloré formé lorsque le carbone se combine avec l'oxygène. Les végétaux et les algues le font réagir avec de l'eau pour fabriquer les glucides dont ils se nourrissent.

DISSOLUTION
Dispersion complète d'une substance dans un liquide de telle sorte que toutes ses molécules sont séparées.

EAU DOUCE
Eau à faible teneur en sels dissous telle que l'eau de pluie, de rivière, d'étang et de la plupart des lacs.

ÉCOSYSTÈME
Communauté d'organismes vivants en interaction dans leur environnement.

ÉROSION
Usure et dislocation des roches composant un paysage, qui finissent par être emportées sous l'effet des forces naturelles du vent et de l'eau.

ÉVAPORATION
Passage de l'état liquide à l'état gazeux.

ÉVAPORITE
Substance minérale telle que des cristaux de sels restant lorsque l'eau d'une solution s'est complètement évaporée.

GÉLIFRACTION
Dislocation des roches sous l'effet du gel et du dégel de l'eau dans le sol. L'eau s'infiltre dans les fissures des roches. Lorsqu'elle gèle, son volume, augmentant d'environ 9 %, force les fissures à s'agrandir, brisant peu à peu les roches en morceaux plus petits. La gélifraction est un des modes d'action de l'érosion par l'eau.

GLACIER
Masse de glace se comportant comme une rivière s'écoulant très lentement vers le bas de la pente.

GLUCIDES
Substances très énergétiques aussi appelées sucres, tels le glucose et l'amidon, fabriquées par les plantes et consommées par tous les êtres vivants.

GYRE
Système de courants océaniques formant une boucle fermée.

HYDRATÉ
Qualifie une substance modifiée par apport d'eau. On le dit aussi d'un organisme renfermant une quantité d'eau compatible avec la survie.

HYDRAULIQUE
Emploi d'un fluide comme de l'eau ou de l'huile pour transférer une force par l'application d'une pression.

HYDROGÈNE
Gaz et élément chimique le plus léger de l'Univers, composant de l'eau.

ICEBERG
Portion d'un glacier ou d'une banquise qui s'est détachée et dérive sur l'océan.

IMPERMÉABLE
Qualifie une substance ne laissant pas passer les liquides et les gaz.

KARST
Paysage formé dans les roches carbonatées comme le calcaire sous l'effet de l'érosion par l'eau principalement. Les paysages karstiques présentent de fortes érosions en surface et, dans le sous-sol, sont marqués par la présence de grottes à stalagmites et stalactites, où circulent des eaux souterraines.

LAVE
Roche en fusion après éruption des volcans.

MANTEAU TERRESTRE
Épaisse couche de roche très chaude, mais non en fusion, située entre la croûte et le noyau terrestre.

MÉTABOLISME
Ensemble des transformations chimiques et énergétiques qui se déroulent en permanence dans un organisme.

MICROBE
Organisme vivant microscopique.

MOLÉCULE
Groupe d'atomes assemblés par des liaisons chimiques. Une molécule d'eau (H_2O) est composée de deux atomes d'hydrogène et d'un atome d'oxygène.

MOUSSON
Inversion saisonnière des vents qui affecte le climat, particulièrement dans les régions tropicales où elle provoque l'alternance d'une saison humide et d'une saison sèche.

NUTRIMENTS
Substances employées par les êtres vivants pour construire leurs tissus ou apporter de l'énergie et entretenir leur organisme.

OXYGÈNE
Gaz sans odeur ni couleur dont la formule moléculaire est O_2. L'oxygène constitue 20 % de l'atmosphère et entre aussi dans la composition de l'eau.

PACK
Masse de pièces de glace dérivantes de grandes dimensions, rassemblées par les vents et les courants, et formant une banquise.

PERCOLATION
Écoulement de l'eau à travers le sol sous l'effet de la gravité. La percolation s'accompagne d'un filtrage de l'eau par le sol mais aussi de la dissolution de certains composés du sol qui sont entraînés par l'eau en profondeur.

PÉRIODE GLACIAIRE (OU GLACIATION)
Période de l'histoire géologique de la Terre au cours de laquelle la majeure partie de la planète s'est trouvée recouverte par de vastes calottes de glace. Chaque période glaciaire a connu des phases froides et des phases plus chaudes.

PERMAFROST
Couche de sol mêlé d'eau gelée qui ne fond jamais.

PERMÉABLE
Qualifie une substance laissant passer à travers elle les fluides et les gaz.

PHOTOSYNTHÈSE
Processus par lequel les végétaux verts, les algues et quelques autres organismes utilisent l'énergie de la lumière pour fabriquer les glucides (sucres) dont ils ont besoin pour se nourrir, à partir de l'eau et du dioxyde de carbone.

PLANCTON
Organismes vivants de taille très petite à microscopique qui dérivent dans les eaux. On distingue le phytoplancton, constitué d'organismes végétaux, et le zooplancton, constitué d'organismes animaux.

Plancton

POINT D'ÉBULLITION
Température à laquelle un liquide se transforme en vapeur.

POINT DE GEL
Température à laquelle un liquide gèle pour se transformer en solide.

POLLUTION
Introduction dans l'environnement naturel, du fait des activités humaines, de substances qui en perturbent le fonctionnement et l'équilibre.

PROTÉINE
Type de grosses molécules composées d'unités plus petites appelées acides aminés. Les protéines sont les briques constituant les tissus vivants. Elles interviennent dans toutes les fonctions vitales.

ROCHE SÉDIMENTAIRE
Roche formée à partir de sédiments comprimés.

Toundra en fleurs

Stalactite

SÉDIMENT
Couche meuble de particules de sable, boues ou limon déposée au fond des océans, des lacs et des fleuves.

SOLUTION
Mélange fluide composé d'une substance totalement dissoute dans un liquide comme l'eau.

STROMATOLITE
Formation rocheuse calcaire, dont la forme évoque des choux-fleurs, due à l'activité de colonies de micro-organismes tels que les cyanobactéries, qui précipitent le bicarbonate en carbonate de calcium. Les plus anciennes, âgées de 3,5 milliards d'années, datent de l'époque de la naissance de la vie sur Terre.

SUBDUCTION (ZONE DE)
Frontière entre deux plaques tectoniques où l'une des plaques plonge sous l'autre vers le manteau terrestre, ce qui provoque sa destruction en profondeur.

SUBTROPICALE (RÉGION)
Région de la Terre située immédiatement au nord du tropique du Cancer dans l'hémisphère Nord, ou immédiatement au sud du tropique du Capricorne dans l'hémisphère Sud.

SURCOTE DE TEMPÊTE
Élévation locale et temporaire du niveau de la mer provoquée, en cas de tempête, par les vents et les basses pressions.

SUSPENSION
Mélange d'un fluide et d'une substance qui ne s'est pas dissoute dans le fluide mais y reste à l'état de particules.

SYMBIOSE
Association de deux organismes, ou plus, d'espèces différentes dont chacun tire des bénéfices. Elle donne lieu à une entraide mutuelle pour se nourrir, se protéger ou se reproduire.

THERMOCLINE
Frontière entre les eaux profondes denses et froides et une couche d'eau de surface plus chaude et moins dense.

THERMODYNAMIQUE
Qualifie les machines et les systèmes mus par la chaleur, par exemple les grands systèmes climatiques. C'est aussi le nom donné à la science qui étudie ces systèmes.

TOUNDRA
Région froide à végétation rase dépourvue d'arbres située dans la zone Arctique et bordant la limite des premières glaces.

TROPICALE (RÉGION)
Région chaude située de part et d'autre de l'équateur entre les tropiques du Cancer et du Capricorne.

UPWELLING
Dans l'océan, phénomène de remontée vers la surface d'eau froide profonde riche en nutriments.

VAPEUR D'EAU
Gaz invisible formé par l'eau qui s'évapore sous l'effet de la chaleur.

VASCULAIRE
Relatif à un système de vaisseaux véhiculant un fluide tel que la sève ou le sang.

INDEX

CRÉDITS

Dorling Kindersley souhaite L'éditeur souhaite remercier : Hilary Bird pour la création de l'index ; David Ekholm-Jälbum, Sunita Gahir, Susan St Louis, Steve Setford, Lisa Stock et Bulent Yusuf pour les dessins ; Stewart J Wild pour la relecture des épreuves.

Les éditeurs adressent également leurs remerciements aux personnes et/ou organismes cités ci-dessous pour leur aimable autorisation à reproduire les photographies :

(a = au-dessus ; b = bas/en dessous ; c = centre ; g = gauche ; d = droite ; h = haut)

Alamy Images : Neil Cooper 52bd ; Marvin Dembinsky Photo Associates 63cd ; Patrick Eden 52cg ; Mary Evans Picture Library 67hc ; Derrick Francis Furlong 19bg ; Larry Geddis 20cgb ; Greenshoots Communications 53cg ; Robert Harding Picture Library Ltd. 52hg ; Israel Images 35h ; Emmanuel Lattes 31bd ; The London Art Archive 56cda ; Ryan McGinnis 13hg ; Christopher Nash 12hd ; North Wind Picture Archives 45hd ; Vova Pomortzeff 39hd ; The Print Collector 8bg, 9cdb, 66hd ; Magdalena Rehova 35c ; Jeff Rotman 57c ; **The Art Archive :** Bibliothèque Nationale, Paris 47hd ; Cathédrale d'Orvieto / Dagli Orti 7cd ; Rijksmuseum voor Volkenkunde, Leiden / Dagli Orti 54hd ; **Sarah Ashun :** 12cg, 12c, 12cd ; **The Bridgeman Art Library :** Private Collection 8c ; **Corbis :** Christophe Boisvieux 34bg ; Clouds Hill Imaging Ltd. 41hc ; Dennis Degnan 69bd ; EPA / Shusuke Sezai 11bd ; The Gallery Collection 7bd ; Gallo Images / Martin Harvey 61c ; Lowell Georgia 55cd ; Mike Grandmaison 38cg ; Hulton-Deutsch Collection 68cga ; Amos Nachoum 15bg ; Jehad Nga 50hd ; Reuters / Ajay Verma 26-27c ; Tony Roberts 60bg ; Pete Saloutos 49d ; Denis Scott 15h ; Ted Soqui Photography 61bd ; Sygma / The Scotsman 57cd ; Visuals Unlimited 44hg ; **DK Images :** Alamy / Comstock Images 51bg ; The American Museum of Natural History / Denis Finnin and Jackie Beckett 51ca ; Dan Bannister 37c ; The British Museum, Londres / Chas Howson 19hg ; The British Museum, Londres / Geoff Brightling 2b, 70hd ; Combustion 48cg ; Avec l'aimable autorisation de Denoyer - Geppert Intl 48bg ; Donks Models / Geoff Dann 70c ; Peter Griffiths and David Donkin - Modelmakers / Frank Greenaway 68b ; Avec l'aimable autorisation de l'IFREMER, Paris / Tina Chambers 51hg ; Judith Miller / Sloan's 8bc ; Avec l'aimable autorisation de la National Maritime Museum, Londres / Tina Chambers 33cg ; Avec l'aimable autorisation de la Natural History Museum, Londres / Frank Greenaway 71hc ; Stephen Oliver 4bg, 11bg, 57h, 57hg ; Avec l'aimable autorisation de la Pitt Rivers Museum, University of Oxford 4cd, 8hg ; Rough Guides / Paul Whitfield 12bd ; Avec l'aimable autorisation de The Science Museum, Londres / Dave King 11hd ; M.I. Walker 40hg, 42c ; Avec l'aimable autorisation de la Cecil Williamson Collection / Alex Wilson 53hg ; **ESA :** DLR / FU Berlin (G. Neukum) 6bc, 33cd ; **FLPA :** Minden Pictures / Jim Brandenburg 38bg ; **Getty Images :** AFP 36cga ; AFP / Jose Luis Roca 62cda ; Aurora / Ty Milford 70bg ; Paula Bronstein 56b ; China Photos 11cd ; De Agostini Picture Library / Dea Picture Library 45hg ; Discovery Channel Image / Jeff Foot 41b ; Hulton Archive 37bc ; Iconica / Grant V. Faint 62hg ; Chris Jackson 28h ; Minden Pictures / Foto Natura / Philip Frisdom 34cg ; Minden Pictures / Mark Moffett 46cg ; Photolibrary 55hd ; Popperfoto / Haynes Archive 67cd ; Andreas Rentz 11cc ; Reza 60-61c ; Riser / David Job 25hc ; Science Faction / G. Brad Lewis 17h ; Sebun Photo / Koji

Nakamura 69bg ; Stock Montage 58cg ; Stone / Anup Shah 47hg ; Stone / John Lawlor 9bg ; Stone / Peter Lijia 25cda ; Time Life Pictures / Mansell 67bg ; **Imagine China :** Run Cang 24bd ; **istockphoto.com :** 15bd, 23cg, 33h, 35bg, 36bd, 53cd ; Selahattin Bayram 64-65 (Fond), 66-67 (Fond), 68-69 (Fond), 70-71 (Fond) ; William Blacke 18bg ; Vera Bogaerts 13cda, 71bc ; Randolph Jay Braun 16bg ; Elena Elisseeva 21ca ; Michael Grube 45bd ; Brett Hillyard 21b ; Marcus Lindström 49cga (Fond) ; William Mahar 29bd ; Marco Regalia 16hg ; Christopher Russell 34hg ; Jozsef Szasz-Fabian 7hd ; Evgeny Terentyev 3c, 10b ; Edwin van Wier 42-43bc ; **The Kobal Collection :** Warner Bros 20cg ; **Kenneth G. Libbrecht :** 3cga, 3hg, 3hd, 23cda, 23hd, 23hd (Insert) ; **Library of Congress, Washington, D.C. :** Utamaro Kitagawa 51cg ; Avec l'aimable autorisation de Marine Current Turbines Ltd : 59bd ; **Simon Mumford :** 60cg ; **NASA :** 6-7hc, 26bg, 29cd ; Goddard Flight Center, Image de Reto Stöckli 35bd ; Avec l'aimable autorisation de GOES Project Science Officer 26cg ; Kennedy Space Center 68hd ; MODIS Rapid Response Team / Jacques Descloitres 14bg, 27ca, 56hg, 61hd ; MSFC 23b ; **NOAA :** NOAA Climate Program Office, NABOS 2006 Expedition 39hg ; NOAA's People Collection 27cda ; Avec l'aimable autorisation de History of Science Collections, University of Oklahoma Libraries ; copyright Conseil d'administration de University of Oklahoma :38hg ; **Panos Pictures :** Tim Dirven 60hg ; Giacomo Pirozzi 50b ; **Photolibrary :** Animals Animals / David Cayless 69cga ; Jon Arnold Travel / Jane Sweeney 29cg ; Michael DeYoung 43hd ; Robert Harding Travel / Angelo Cavalli 54-55b ; Robert Harding Travel / Christian Kober 33b ; Robert Harding Travel / Thorsten Milse 47cg ; Imagestate / Ed Collacott 30bd ; Index Stock Imagery / Jacob Halaska 13b ; North Wind Pictures 58hg ; OSF / Colin Milkins 13hc ; OSF / Richard Herrmann 43bd ; OSF / Warren Faidley 23cdb ; OSF / Willard Clay 32cd ; Phototake Science / MicroScan 49hc ; Picture Press / Thorsten Milse 30g, 55cg ; Stephen Wisbauer 4hg, 55cg ; **Rex Features :** Sipa Press 28-29bc ; **Science & Society Picture Library :** 22cg, 23ca ; **Science Photo Library :** Tony Camacho 57ca ; Christian Jegou Publiphoto Diffusion 40bg ; Planetary Visions Ltd 1 ; Dirk Wiersma 37bg ; **Still Pictures :** Biosphoto / Dominique Delfino 37hd ; Biosphoto / Joël Douillet 32hg ; Dennis Di Cicco 7bg ; Majority World / Abdul Malek Babul 32bg ; VISUM / Aufwind - Luftbilder 54ca ; Gunter Ziesler 40ca ; **Louise Thomas :** 47b ; **USGS :** 16cd ; Avec l'aimable autorisation de WaterAid (www.wateraid.org) : 62b ; Avec l'aimable autorisation de Wavegen (www.wavegen.com) : 59c ; **Peter Winfield :** 12bg, 14cg, 22hg, 29h, 39cda, 39cdb, 49c, 53hd, 53bd, 63h, 64-65.
Couverture : 1er plat : Pier/Image Bank/Getty Images, dos : Dorling Kindersley Ltd./Sarah Ashun h et c et istockphoto.com/Jozsef Szasz-Fabian c et b, 4e plat : Science Photo Library/ Kevin A. Horgan hc, Dorling Kindersley Ltd. c et hd.

Toute autre illustration © Dorling Kindersley